Food Science

쉽게 배우는

# 식품학

# 이 책을 펴내면서

최근 국민 생활 향상과 식생활 양식 변화에 따라 식품 분야가 현저히 발달하고 있으며, 이를 뒷받침하기 위한 과학적 지식과 기술 교육이 절실히 필요하게 되었다. 식생활은 인간의 생활 중 가장 근본이 되는 부분이며 최근 과학의 발달과 산업 경제의 급성장으로 인해 식생활 수준의 향상과 더불어 영양적인 면과 색, 향, 맛, 물성 등 기호적으로 좀 더 나은 식품이 되도록 가공 및 조리하기 위해 식품학을 연구하고 이해하여야 한다.

이 책에서는 식품의 주요 영양성분인 수분, 탄수화물, 지방, 단백질, 무기질, 비타민의 물리 화학적 특성을 중심으로 효소, 갈변, 식품의 색, 물성, 풍미 등 관능적 성분들의 화학적 구조, 성질, 변화, 그리고 특성에 대한 부분들을 다루고 있다. 또한 식품 중 유독성분에 대한 지식도 함께 서술하여 식품 화학의 기본적이고도 체계적인 지식 습득을 목표로 하였으며, 어려운 전문용어를 쉽게 이해할 수 있도록 집필하였다.

앞으로 이 책이 대학에서 식품 영양학, 식품학 및 식품 화학의 기본지식을 습득하고 이해하는 데 조금이나마 도움이 되기를 소망하며, 만약 그렇게 된다면 저자들로서는 큰 기쁨이 될 것이다. 이 책은 식품 분야에 연구를 해온 저자들이 심혈을 기울여 집필하였으나 부족한 부분이 많을 것으로 생각된다. 하지만, 향후 지속적인 재판을 거듭하면서 보완하여 보다 알차고 체계화된 식품학 교재로 꾸며 나갈 것을 다짐한다.

끝으로 이 책이 출간되기까지 많은 격려와 도움을 주신 분들과 도서출판 효일의 김홍용 사장님을 비롯한 편집부 직원들께도 감사의 인사를 전한다.

2015년 2월
저자 일동 올림

# 쉽게 배우는 식품학 Contents

CHAPTER 01

# 서론

01 식품의 성분

02 식품의 기능

사람이 생명을 유지하고 일상생활을 하기 위해서는 영양소를 함유한 식품을 섭취하여야 한다. 식품은 하나 이상 또는 그것 이상의 영양소를 함유하며 독성이 없는 천연물 또는 가공품을 의미한다. 또한 색, 맛, 향 및 조직감을 형성하여야 식욕을 증진 할 수 있는 기호품으로서 식품의 기능을 갖추었다고 할 수 있다.

식품은 크게 식품과 식품 재료로 구분한다. 식품은 어느 정도 가공 공정을 거쳐 사람이 직접 섭취하여 소화할 수 있는 것을 말하며 식품 재료는 식품이 갖추어야 할 조건을 갖추었으나 직접 먹을 수 없는 상태의 것을 말한다. 예를 들어 빵과 치즈는 식품이지만, 밀과 당근은 식품 재료이다. 그러나 우유 · 과일 등은 식품 재료인 동시에 식품이다.

식품은 조리, 가공 과정을 거쳐 음식물로 섭취한 후 소화를 통해 체내에 흡수되며, 식품 내 영양소는 우리의 생명과 건강을 유지하는 데 사용된다. 식품을 구성하고 있는 성분 중에서 우리 몸에 에너지를 제공하고 성장 및 다양한 생리기능을 조절하는 성분을 영양소라고 한다. 반드시 섭취해야 할 영양소들을 모두 함유한 한 가지 식품은 없다. 따라서 여러 가지 식품을 조합하여 우리에게 필요한 영양소를 골고루 섭취해야 한다.

식품학은 천연식품이나 가공식품 또는 식품첨가물들에 관한 모든 내용을 기초적인 것부터 종합적인 것까지 연구하는 학문으로 식품의 일반성분인 탄수화물, 단백질, 지질, 탄수화물, 비타민, 무기질, 수분과 특수성분인 색, 냄새, 맛, 물성을 다룬다. 또한 식품 재료, 식품가공, 가공식품의 이화학 · 생물학 · 영양학적 변화와 특성을 비롯하여 조리, 영양, 저장 및 위생에 관한 모든 것을 다루며 동물성 재료와 식물성 재료의 특성과 영양가가 손실될 뿐만 아니라 물성의 변화가 식품에 미치는 요인 등을 연구한다.

## 1. 식품의 성분

인간의 일생을 75년으로 하면 생존하는 동안 사람이 평생 섭취하는 식품의 양은 쌀 6톤, 밀 2.6톤, 채소 7.5톤, 우유 3.4톤, 육류 2톤, 생선 3톤 그리고 그 외의 것을 합쳐서 약 70톤의 식품을 먹는다. 사람은 이와 같이 엄청난 양의 식품을 섭취하므로 식품의 성분을 살펴 건강에 유익한 것을 골라서 섭취하는 것이 중요하다. 식품은 체내에 들어와서 몸을 구성하는 세포를 만드는 데 이용되고 몸을 움직이는 에너지를 생성하는 역할을 한다. 따라서 생명을 유지하고 건강하게 살기 위해서는 식품성분이 무척 중요하다. 또한 식품성분의 화학적 구조, 성질 및 변화, 그리고 이들이 식품의 특성에 미치는 영향을 잘 파악하는 것도 중요하다.

식품이 구비해야 할 사항에는 4가지가 있다. 첫째, 사람이 생명을 유지하고 건강을 지키기 위해 필요한 영양소를 골고루 함유하여야 하고 소화 · 흡수가 잘 되어서 영양성을 갖추어야 한다. 둘째, 보관 · 운반이 용이하고 요리하기 쉬우며 가격이 비싸지 않는 실용성을 충족해야 한다. 셋째, 식욕을 생성하는 기호성을 갖추어야 한다. 넷째, 섭취 후 체내에서 질병을 일으키지 않도록 위생성을 갖추어야 한다.

식품을 구성하는 일반성분에는 탄수화물, 지질, 단백질, 무기질, 비타민과 수분이 있으며 이를 6대 영양소라 한다. 또한 효소, 색, 맛, 냄새, 유독성분 등의 특수성분이 있다.

## (1) 일반성분

식품성분은 수분과 수분 이외의 고형물로 구분할 수 있으며 고형물은 유기질과 무기질로 나눌 수 있다. 식품 속의 영양소를 기능에 따라 크게 분류하면 열량 영양소와 조절 영양소로 구분한다. 열량 영양소는 신체에 에너지를 제공하여 체온유지에 관여하고 활동에너지를 제공하는 것으로서 탄수화물(carbohydrates), 지질(lipids), 단백질(proteins)이 해당된다. 조절 영양소는 에너지를 제공하지는 못하나 체내에 생리적 조절작용을 하는 무기질(minerals), 비타민(vitamins)과 수분(water)을 말한다. 구성 영양소는 분해 및 소모되는 생체 구성성분을 보충하여 생체조직을 구성하는 영양소로서 단백질, 지질, 탄수화물, 무기질이 해당된다 그림 1-1.

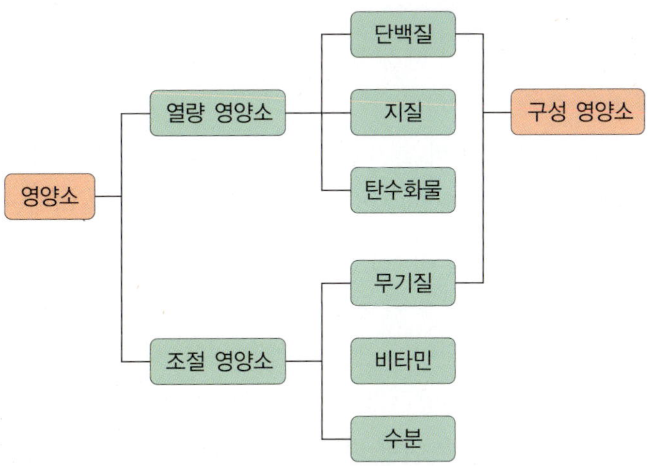


그림 1-1 영양소의 구분

이들 영양소의 기능은 크게 3가지로 분류할 수 있으며 첫 번째 기능은 에너지 공급이다. 탄수화물, 단백질, 지질은 체내의 분해 과정에서 에너지를 생산하고 이 에너지는 대부분 기초 대사량, 활동을 위한 에너지, 식품 이용을 위한 에너지 소모로 사용된다. 두 번째 기능은 체조직 구성이다. 우리 몸을 구성하는 물질은 영양소이며, 신체의 성장과 유지, 그리고 소모된 조직의 보수를 위하여 영양소 섭취가 필요하다. 체조직 구성에 사용되는 것은 단백질, 무기질, 지질, 탄수화물이다. 세 번째는 생리 기능 조절로서 단백질, 무기질, 비타민이 해당된다. 단백질은 효소로서 소화작용에 관여하고 호르몬으로서 체내 제 기능 조절에 관여한다. 비타민류는 중요한 생리작용을 영위하며 무기질과 수분은 체액 삼투압, 수소이온 농도 조절, 근육 및 신경의 흥분에 관여하는 등 많은 작용을 한다.

### (2) 특수성분

식품에는 일반성분 이외에 식품의 색이나 맛과 향을 좌우하는 특수성분이 함유되어 있다. 특수성분 중에는 특수한 생리 활성이 있어서 약효가 있는 성분이 있으며, 최근에는 일부 특수성분들이 기능성 성분으로 밝혀져 건강식품으로 개발되고 있다. 그러나 아직까지 규명되지 않은 식품의 떫거나 아린맛의 성분들도 있다. 그 외에 식품 중에 알칼로이드, 배당체, 색소, 유기산, 정유 등이 해당된다.

## 2. 식품의 기능

국제화 및 식품 소비패턴 변화에 따라 가공식품의 생산, 소비 및 외식이 급속히 증가하여 섭취하는 식품의 종류가 매우 다양해지고 있다. 더욱이 생활수준 향상과 건강에 대한 관심 고조로 건강기능식품의 개발이 촉진되어 식품의 종류는 수백 가지에 이른다.

최근 현대인들은 핵가족화, 노령 인구의 증가, 대중소비시대, 소비패턴의 다양화 및 여성의 사회진출, 편리성 추구 등 생활문화의 변화로 인해 과거에 비해 균형 있는 영양섭취에 어려움을 겪고 있다. 또한 식생활 불균형과 운동 부족 등의 이유로 심장병, 고혈압 및 비만 등 순환기 대사성의 만성질환이 크게 증가하고 있다. 이들 성인병은 발병 원인의 약 1/3이 매일 섭취하는 식품과 관련 있는 것으로 알려져 있어 좋은 식품의 개발이 영양뿐만 아니라 국민 보건 향상에도 크게 기여할 수 있음을 말해주고 있다. 질병이 발생하면 개인과 가정뿐만 아니라 국가적으로도 육체적, 정신적, 경제적으로 큰 부담을 주게 되므로 예방이 필요하다.

식품의 기능은 크게 3가지로 나눈다. 1차 기능은 '영양기능'이다. 식품 중의 영양소가 단기적으로 주는 기능으로서 기아 해결, 건강 유지 및 체위 향상 등의 효과를 준다. 2차 기능은 '감각기능'이다. 식품의 맛, 향기, 물성 등이 쾌감을 유발하거나 다양한 감각을 제공하여 풍요로운 식생활을 제공한다. 3차 기능은 '생체조절기능'이다. 식품 중에 들어 있는 여러 생리 활성성분이 생체조절기능을 나타냄으로서 건강 유지 및 질병을 예방할 수 있도록 해주는 기능이다.

**표 1-1 식품의 기능에 따른 구분**

| 구분 | 식품의 기능 |
|---|---|
| 1차 기능(영양기능) | 식품 중 영양소가 인체에 미치는 기능, 생명 유지에 중요한 역할 |
| 2차 기능(감각기능) | 식품의 조직 및 성분이 미각, 후각 등 감각에 미치는 기능 |
| 3차 기능(생체조절기능) | 식품이 면역계, 내분비계, 신경계, 순환기계 등 조절에 관여하는 기능 |

우리나라에서 식품의 3차 기능을 나타내는 식품은 건강기능식품을 의미하며 영양소의 공급이나 다양한 감각뿐만 아니라 생체조절기능을 부여하는 식품을 말한다. 건강기능식품은 일상적으로 섭취하는 식품의 형태로, 각종 성인병 등을 예방할 수 있는 기능을 가진다. 한편 건강기능식품은 건강 유지와 증진에 효과를 기대할 수 있으며 과학적, 전통적으로 그 효능이 입증된 식품을 말한다. 최근 들어 특정 질병에 대한 여러 영양소의 기능이 새롭게 밝혀지고, 생물 산업 분야의 기술 보급으로 새로운 건강기능식품 소재에 관한 연구가 진행되어 이들을 사용한 제품 개발이나 대량 생산이 활발하게 이루어지고 있다.

한편, 식품과 건강의 관계에 대해 정확도가 높은 정보를 얻을 수 있게 되면서 식품과학은 중심적인 연구영역에서 종합적인 연구영역으로 점점 중요성이 증가될 것으로 예상된다. 식품의약품안전처 통계에 따르면 2012년도 식품산업 총생산액은 43조 478억 원으로 제조업 분야에서 매년 증가하고 있는 추세이다. 따라서 생활 수준 향상과 건강에 대한 관심고조로 기능성 식품개발이 촉진되어 식품산업의 부가가치가 향상될 전망이다.

표 1-2 식품산업 생산실적 추이

| 연도 | 생산량 | 생산액(천원) | 매출액(천원) | 증가율(%) |
|---|---|---|---|---|
| 2001 | 19,933,901 | 27,685,195,523 | 30,781,410,689 | 7.1 |
| 2002 | 19,269,737 | 35,388,130,152 | 36,388,079,110 | 18.2 |
| 2003 | 16,878,174 | 21,046,377,006 | 23,909,245,249 | -34.3 |
| 2004 | 23,431,972 | 30,045,258,292 | 33,181,087,253 | 38.8 |
| 2005 | 22,585,880 | 29,579,376,574 | 33,335,150,360 | 0.5 |
| 2006 | 25,147,665 | 32,694,772,305 | 35,699,307,123 | 7.1 |
| 2007 | 24,701,702 | 33,147,999,104 | 37,365,857,444 | 4.7 |
| 2008 | 24,382,412 | 36,649,627,163 | 39,298,783,847 | 5.2 |
| 2009 | 36,533,598 | 40,408,833,378 | 44,440,638,918 | 13.1 |
| 2010 | 26,996,594 | 34,548,229,978 | 38,790,939,006 | -12.7 |
| 2011 | 26,192,584 | 40,318,186,189 | 44,448,301,187 | 14.5 |
| 2012 | 33,836,234 | 43,478,331,108 | 47,327,653,586 | 6.5 |

CHAPTER 02

# 수분

수분은 식품의 보편적인 성분 중 하나로 인간과 모든 생명체의 생명을 유지시키는 활동에 중요한 역할을 한다. 각종 식품 내에서 수분은 물, 수증기, 얼음 세 가지 형태로 존재하며 여러 가지 특성을 가지고 있다. 수분함량이 높은 과일, 채소, 육류, 어류 등의 세포 내 또는 세포 외에서는 액체 상태로 존재하고 수분함량이 낮은 건조식품에서는 결합수로 존재한다. 수분은 식품 내 함량에 따라 맛, 형태, 텍스처 및 미생물의 번식 등에 영향을 미친다. 식품 중에 함유된 수분은 식품의 품질에 여러 가지 형태로 영향을 미치기 때문에 그 특성에 대하여 살펴 볼 필요가 있다.

## 1. 수분의 역할

### (1) 용매

식품 내의 수분은 식품성분들 사이에서 여러 가지 화학적 변화 과정의 용매로 작용할 뿐만 아니라 식품 중에서 당류, 염류, 수용성 단백질들을 용해하는 용매로 작용하며 식품의 맛에 영향을 주기도 한다. 또한 식품 외부에서 들어오는 성분들 사이에서 여러 가지 화학적 변화에 관여하는데, 그 예로 식품을 저장 및 가공하는 과정 중 수분이 가수분해 반응에 관여하는 것이다.

### (2) 식품의 구조와 형태에 미치는 영향

식품 내 수분은 환경조건에 따라 대기의 수분함량과 평형이 될 때까지 흡습과 방출을 거듭하는 성질이 있다. 식품을 구성하고 있는 수분은 대기의 습도에 의해 영향을 받기 때문에 식품의 구조나 형태에 변화가 일어나므로 식품 고유의 조직감이 다르게 나타난다. 예를 들면 대기 중 습기가 많은 여름에 김을 실온에서 보관할 경우 눅눅한 상태가 되기 쉬우므로 흡습제인 실리카겔을 이용하여 대기 중의 수분을 차단시켜 바삭바삭한 김을 유지한다. 반면 수분이 많은 과일의 경우, 식품으로부터 수분이 대기 중으로 방출하면 과일의 구조나 형태가 변화되어 과일의 조직감과 맛에 영향을 미치게 된다.

### (3) 미생물의 성장

식품의 부패를 일으키는 미생물이나 독성성분을 형성하는 미생물들이 성장하는 데 있어서 식품 중 수분함량은 필수적이며 매우 중요한 역할을 한다. 미생물의 성장 여부는 식품의 수분활성도에 따라 다르다. 예를 들어 곰팡이와 세균이 식품 내에서 성장할 수 있는 수분활성도는 각각 0.65 이상, 0.90 이상이며 수분 제거, 탈수 또는 식염이나 설탕 첨가를 통해 식품 내 수분을 용출하면 미생물의 성장을 억제시켜 식품의 변질을 막아주고 식품의 저장성을 높여준다.

## 2. 수분의 성질

수분은 수소 원자 2개와 산소 원자 1개가 공유결합하고 있으며, 산소 원자를 중심으로 2개의 수소원자가 104.5도의 각도를 이루고 있다. 하나의 물 분자 내 산소 원자가 인접한 물 분자의 수소 원자와 수소결합을 한다. 수분은 분자량이 비교적 적음에도 불구하고 녹는점, 끓는점, 열용량, 용해열 등의 값이 상대적으로 높다. 물의 끓는점과 녹는점은 각각 100℃와 0℃이며, 비중과 밀도는 4℃에서 가장 크다. 수분은 극성이 큰 용매로 전해질을 잘 용해하며 표면장력이 크므로 물의 흡수, 생체 조직 안의 물의 이동이 용이하다 그림 2-1 .

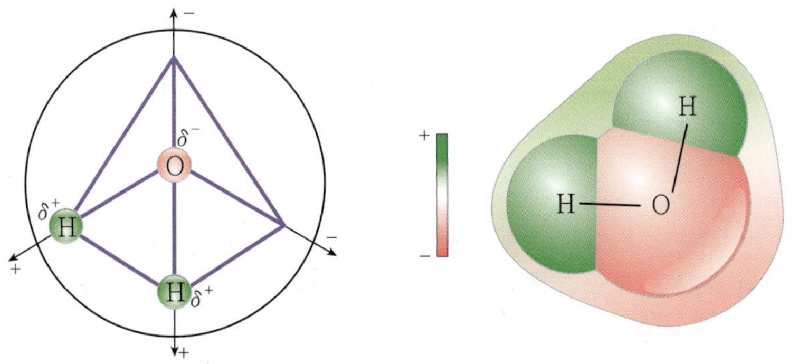


그림 2-1 수분 구조

## 3. 수분의 유형

식품 중에 존재하는 수분은 자유수(free water)와 결합수(bound water) 두 가지 형태로 존재한다. 자유수는 결합수와 달리 식품의 구성성분과 결합되어 있지 않고 식품 중에서 당류, 염류, 수용성 단백질들을 용해하는 용매로서 작용하는 물이다. 0℃ 이하에서 잘 얼게 되는 보통 형태의 물을 말하며 모세관을 자유로이 유동하는 물이므로 탈수나 건조에 의해 쉽게 제거된다. 자유수는 식품 중에 유리 상태로 존재하기 때문에 미생물이 증식하는

데 이용된다. 따라서 식품의 부패 방지를 위해서는 자유수를 감소시키며, 건조 · 동결법을 이용하여 수분을 제거하고 이는 건조식품이나 냉동식품에서 활용된다.

한편 결합수는 식품 내의 탄수화물 또는 단백질 분자들과 결합되어 있어 일반적으로 알고 있는 물인 자유수와 특징이 다르다. 용매로 작용하지 않고 100℃ 이상으로 가열해도 제거되지 않으며, 0℃ 이하에서도 동결되지 않는다. 동결되지 않은 물의 양은 총 수분함량 중 8~10%이다. 결합수는 보통의 물보다 밀도가 크기 때문에 조직을 압착해도 제거되지 않고, 미생물의 번식과 효소 반응에 이용되기 어렵다 표 2-1.

**표 2-1 자유수와 결합수의 특징**

| 자유수 | 결합수 |
|---|---|
| • 0℃ 이하에서 쉽게 동결된다.<br>• 식품이 흡습 · 방습하여 주변 환경에 따라 변동되는 동적인 물이다.<br>• 수용성 물질의 용매로 사용된다.<br>• 미생물의 번식과 포자의 발아에 이용된다.<br>• 화학 반응에 관여하는 물이다. | • 0℃ 이하에서도 얼지 않는다.<br>• 100℃ 이상 가열하여도 제거되지 않는다.<br>• 다른 용질의 용매로 이용되지 않는다.<br>• 미생물의 번식에 이용되지 않는다.<br>• 식품 중의 탄수화물, 단백질 분자들과 수소결합을 하고 있다. |

## 4. 수분활성도

식품에 함유된 수분은 보통 %로 표시하지만 식품을 둘러싼 주변의 온도와 습도에 의해 항상 변화한다. 식품 속의 수분은 대기의 수분함량과 평형이 될 때까지 계속해서 흡습이나 방습을 하여 평형 상태에 이른다. 대기 중의 습도가 높으면 식품은 수분을 흡습하고 습도가 낮으면 식품은 건조된다. 따라서 식품 중의 수분함량은 식품 자체의 수분함량과 대기습도의 상관관계에 영향을 받는다. 미생물의 활동에 실제로 영향을 주는 식품의 수분량은 식품 전체의 수분함량이 아니며, 미생물이 실제로 이용할 수 있는 수분함량과 관계가 있다. 미생물의 생육으로 인한 변패와 산화 · 갈변 등 화학 반응에 관여하는 지표로 수분함량보다는 수분활성도를 이용한다. 수분활성도(water activity)는 식품에 함유되어 있는 수분의 증기압(P)과 같은 온도에서 순수한 물의 증기압($P_0$)과의 비로 결정된다 표 2-2.

$$Aw = P/P_0$$

즉, 순수한 물의 Aw는 1이며, 식품의 Aw는 1보다 작다. 미생물의 성장과 번식은 수분활성과 밀접한 관계를 갖고 있으며, 미생물이 번식할 수 있는 수분활성과 미생물의 증식과의 관계를 보면 일반세균은 수분활성도가 0.90 이상, 효모는 0.87 이상, 곰팡이는 0.64 이상에서 성장이 가능하다. 내건성 곰팡이는 0.64의 수분활성에서도 생육할 수 있지만 보통 곰팡이는 0.60 이하에서는 성장이 불가능하다. 따라서 Aw의 값이 클수록 미생물에 이용되기 쉬우므로, 미생물의 증식과 억제, 식품의 보존성을 높이려면 Aw를 0.6 이하로 할 필요가 있다. 또한 효소활성과 갈변 반응은 Aw가 낮은 만큼 반응이 억제된다.

**표 2-2 각종 식품의 수분활성**

| | 수분활성(Aw) | 소금(%) | 설탕(%) | 식품의 종류 |
|---|---|---|---|---|
| 자유수가 많다 | 1.00~0.95 | 0~8 | 0~44 | 신선육, 과일, 채소, 시럽에 절인 과일 통조림, 조리된 소시지, 버터, 저염베이컨 |
| | 0.95~0.90 | 8~14 | 44~59 | 프로세스치즈, 빵류, 생햄, 드라이소시지, 고염베이컨, 농축 오렌지주스 |
| | 0.90~0.80 | 14~19 | 59~포화 (Aw 0.86) | 체다치즈, 가당 연유, 잼, 마가린 |
| | 0.80~0.70 | 19~포화 (Aw 0.75) | | 당밀, 고농도염 장어, 과일 케이크, 말린 무화과, 마른멸치, 훈제오징어, 드라이소시지, 마멀레이드 |
| | 0.70~0.60 | | | 파마산치즈, 말린 과일, 콘시럽, 밀가루, 쌀과 같은 곡류, 두류 |
| | 0.60~0.50 | | | 초콜릿, 벌꿀, 국수 |
| | 0.4 | | | 건조란, 코코아 |
| | 0.3 | | | 건조감자크래커, 감자칩, 비스킷, 크래커, 케이크믹스, 녹차, 인스턴트커피 |
| 결합수가 많다 | 0.2 | | | 분유, 건조채소, 콘플레이크 |

# 5. 등온흡습 및 탈습곡선

식품을 일정 온도의 각종 상대습도에 방치하면 식품의 수분활성도는 상대습도와 평형에 이르며, 그때의 수분함량을 평형수분함량이라 한다. 상대습도와 평형수분함량 사이의 관계를 표시한 곡선을 일반적으로 등온흡습곡선, 또는 등온탈습곡선이라 한다. 식품이 대기 중의 수분을 흡수하여 평형수분함량을 이루는 경우 상대습도와 평형수분함량 사이의 관계를 표시하는 곡선을 등온흡습곡선이라 한다. 한편 식품의 수분이 대기 중에 증발하여 평형수분함량에 도달하는 이때의 곡선을 등온탈습곡선이라 한다.

식품들의 등온흡습, 또는 탈습곡선은 대부분 역 S형 곡선을 나타낸다. 대부분의 식품의 등온흡습곡선과 등온탈습곡선이 일반적으로 일치되지 않으며, 이와 같이 일치되지 않는 현상을 이력현상(히스테리시스, hysteresis)으로 부른다. 곡선 상에는 두 개의 굴곡점이 있는데 히스테리시스 효과는 등온곡선의 굴곡점이 가장 크다. 등온흡습곡선을 보면 곡선의 기울기가 다른 세 개의 특징적인 부분으로 이루어져 있음을 알 수 있다 그림 2-2.

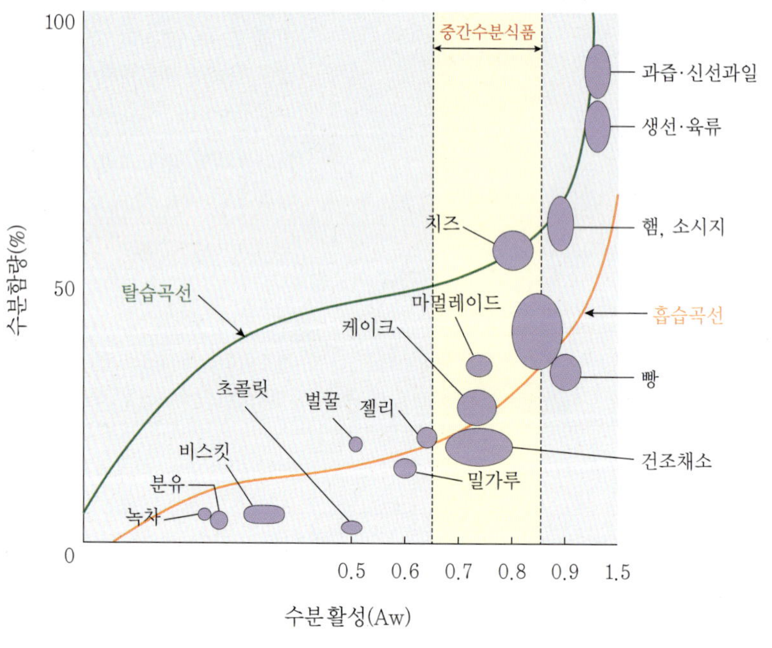


그림 2-2 각종 식품의 수분활성과 수분함량

등온흡습곡선은 일반적으로 곡선의 기울기가 다른 I, Ⅱ 및 Ⅲ 등 세 영역으로 구분하며 각 영역에 회합되어 있는 수분의 성질들은 현저하게 다르다. I영역의 수분은 식품의 조직성분과 단단히 결합하여 단분자층을 형상하는 결합수이다. 즉, 수분은 식품 중의 카르복실기와 아미노기와 이온결합되어 있고 -40℃에서도 발견되지 않으며 용매 구실도 할 수 없다.

Ⅱ영역의 수분은 고형물의 친수성기 주위에 물과 물, 물과 용질의 수소결합에 의해 여러 층으로 이루어진 다분자층 수이다. Ⅱ영역의 물은 Ⅲ영역의 물보다 이동성이 떨어지며 -20℃에서 얼지 않는다. I과 Ⅱ영역의 수분은 일반적으로 전체 수분함량의 5% 이내를 차지한다.

Ⅲ영역의 수분은 식품의 성분들에 약하게 회합되어 있으므로 보통 형태의 순수한 수분과 같고 낮은 온도에서 빙결한다. Ⅲ영역의 수분은 액체 상태로 존재하기 때문에 여러 가지 화학 반응과 미생물들의 성장을 가능하게 하는 용매 구실을 한다. Ⅲ영역의 수분을 다상수 또는 모세관수라고 한다. 이 영역의 물은 식품 중에서 대체적으로 95% 이상을 차지한다 그림 2-3, 2-4.

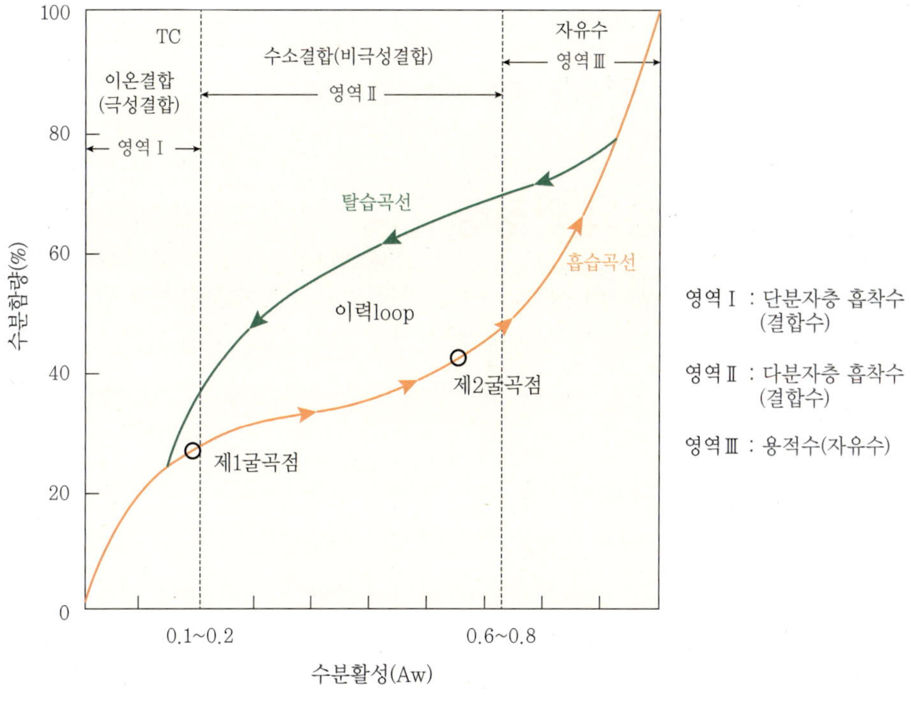


그림 2-3 등온흡습곡선, 등온탈습곡선, 이력현상

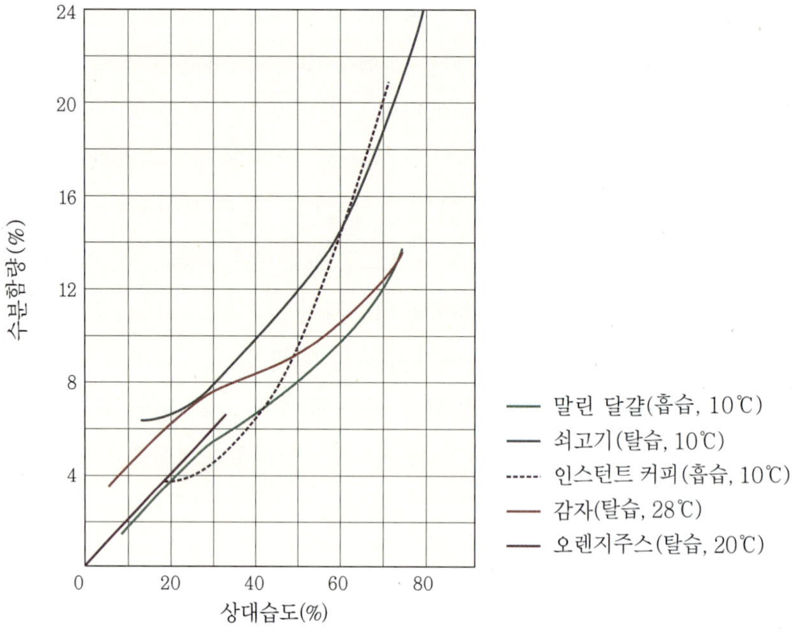


그림 2-4 각종 식품의 등온흡습곡선

# 6. 수분활성과 식품의 안정성

식품 중에서 일어나는 미생물의 성장과 여러 가지 반응들은 수분활성과 밀접한 관계를 가지고 있다. 등온흡습곡선 Ⅰ과 Ⅱ영역의 경계 부분 즉, 수분활성 0.2~0.3으로부터 수분활성이 높아짐에 따라 가수분해 반응, 효소촉매 반응 및 비효소적 갈변 반응 등의 반응 속도가 증가한다.

등온흡습곡선 Ⅰ에서 수분활성이 가장 낮을 때 지질 산화 반응은 최대 반응 속도에 도달하고, Ⅰ과 Ⅱ영역의 경계 부근에서 최소 반응 속도를 나타낸다. 그리고 지질의 산화 반응 속도는 Ⅱ영역부터 수분활성이 높아짐에 따라 다시 증가한다.

식품의 품질에 영향을 미치는 중요한 화학 반응의 하나인 비효소적 갈변 반응도 수분활성도와 밀접한 관계를 가지고 있다. 수분활성 0.6~0.7 범위에서 비효소적 갈변 반응은 최대 반응 속도에 도달한다. 수분활성 0.7 이상의 영역에서 비효소적 갈변 반응의 속도가 감소하는 것은 식품 조직 중의 반응물들(당류, 아미노 화합물)의 희석효과에 의한 것이다.

수분활성과 미생물의 성장은 직접적인 관계를 가지고 있다. 세균은 일반적으로 수분활성 0.85 이하에서, 효모는 0.8 이하에서 성장하기 어렵다. 곰팡이는 효모보다 낮은 수분활성에서도 생육할 수 있다. 수분활성 0.3 부근에서 대부분의 효소 촉매 반응은 거의 정지된다. 낮은 수분활성에서는 기질과 생성물의 이동이 불가능하고 반응물로서 물의 공급이 어렵기 때문에 효소 촉매 반응은 크게 억제되거나 정지된다 그림 2-5.

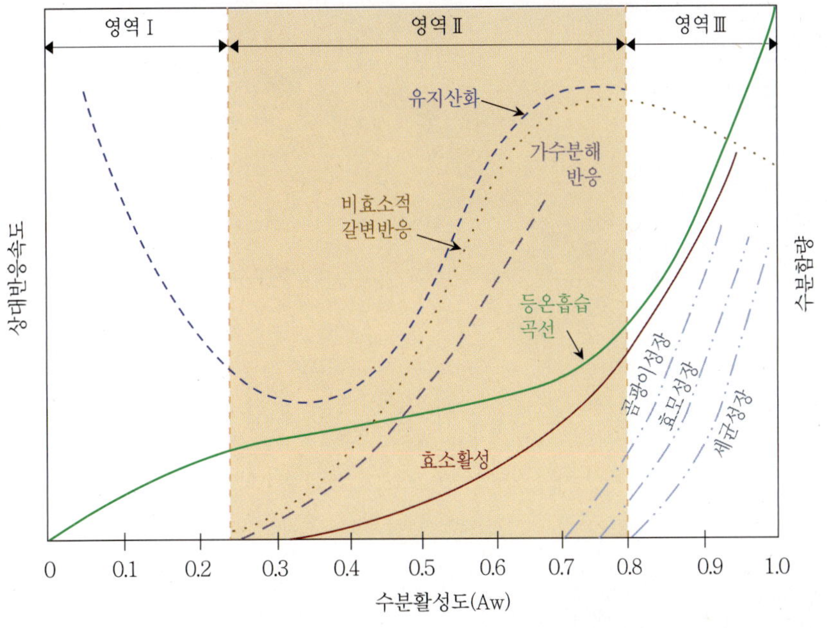


**그림 2-5 식품의 수분활성도와 변성 반응 속도**

CHAPTER

# 03

# 탄수화물

01 단당류

02 소당류

03 다당류

탄수화물은 5대 영양소에 포함되는 영양소로 식물, 동물, 미생물 등에서 여러 가지 형태로 존재한다. 식물은 광합성 작용에 의해서 단당류를 생성하고 단당류들이 중합되어 전분(starch) 및 섬유소(cellulose) 등과 같은 다당류를 생성한다. 저장 탄수화물로서 전분은 에너지원으로 이용되며 섬유소는 식물 세포벽의 구성성분으로 이용된다. 또한, 탄수화물은 식품에 단맛을 주는 역할을 하며 마이얄 반응, 캐러멜화 반응 등을 통해 가공식품의 생산에 이용된다.

탄수화물의 구성원소는 탄소(C), 수소(H), 산소(O) 등으로 되어 있으며 $C_m(H_2O)_n$로 표기할 수 있다. 탄수화물의 분자에는 2개 이상의 수산기(-OH)와 1개의 알데히드기(-CHO) 또는 1개의 케톤기(=CO)가 내포되어 있다.

탄수화물은 가수분해로 생성되는 당 분자 수에 따라 단당류, 소당류, 다당류로 분류되며 한 개의 당 분자 수로 된 것을 단당류, 단당류가 2~10개 결합되어 있는 것을 소당류, 그 이상의 당 분자 수로 구성된 것을 다당류라고 한다.

**표 3-1 탄수화물의 분류**

| 대분류 | 소분류 | 종류 | 함유 물질 |
|---|---|---|---|
| 단당류(monosaccharide) | 5탄당(pentose) | 리보오스(ribose) | 핵산, 조효소, 비타민 $B_2$ |
| | | 자일로오스(xylose) | 볏짚, 옥수수 속대, 죽순, 종자류의 껍질, 나무껍질 |
| | | 아라비노오스(arabinose) | 식물성 검, 버찌 |
| | 6탄당(hexose) | 포도당(glucose) | 과일(포도), 야채류, 곡류, 감자 |
| | | 과당(fructose) | 벌꿀, 돼지감자, 달리아 뿌리, 과일, 꽃 |
| | | 갈락토오스(galactose) | 포유동물의 유즙, 콩과 식물, 홍조류 |
| | | 만노오스(mannose) | 곤약감자, 백합뿌리 |

| | | | |
|---|---|---|---|
| 소당류 (oligosaccharide) | 2당류 (disaccharides) | 자당(sucrose) | 사탕무, 사탕수수 |
| | | 맥아당(maltose) | 엿, 맥아 |
| | | 유당(lactose) | 포유동물의 유즙, 뇌신경 조직 |
| | 3당류 (trisaccharides) | 라피노스 (raffinose) | 콩과 식물의 종자 |
| | 4당류 (tetrasaccharides) | 스타키오스 (stachyose) | 면실의 종자 |
| 다당류 (polysaccharides) | 단순다당류 (simple polysaccharides) | 전분(starch) | 곡류, 서류 |
| | | 글리코겐 (glycogen) | 간, 근육 |
| | | 이눌린(inulin) | 돼지감자, 달리아 뿌리 |
| | | 셀룰로오스 (cellulose) | 식물 |
| | 복합다당류 (compound polysaccharides) | 펙틴(pectin) | 과일류, 야채류 |
| | | 헤미셀룰로오스 (hemicellulose) | 식물세포막 |
| | | 만난(mannan) | 곤약감자 |
| | | 한천(agar) | 홍조류(우뭇가사리) |

## 1. 단당류

단당류는 당질을 구성하는 최소 단위로서 분자구조 중에 알데히드기(-CHO) 또는 케톤기(=CO)를 하나만 지니는 당으로 두 개 이상의 수산기(-OH)와 알데히드기를 함유하고 있는 것은 알도오스(aldose), 두 개 이상의 수산기와 케톤기를 함유하고 있는 것은 케토오스(ketose)라고 한다. 단당류 분자에 함유되어 있는 탄소수에 따라 3탄당, 4탄당, 5탄당, 6탄당 등이 있으며 알도오스에는 글리세르알데히드(glyceraldehyde), 케토오스에는 디히드록시아세톤(dihydroxyacetone)이 각각 가장 간단한 형태의 단당류이다.

## (1) 당류의 화학적 구조

### 1) 단당류 구조

단당류는 수산기(-OH), 카르보닐기[알데히드기(-CHO) 또는 케톤기(=CO)] 및 부제탄소 원자를 지니고 있으며, 동일한 탄소수를 갖는 단당류 분자는 같은 $C_m(H_2O)_n$의(m=n) 일반식으로 표기할 수 있다. 예를 들어 포도당(glucose), 과당(fructose), 갈락토오스(galactose) 및 만노오스(mannose) 등의 6탄당은 $C_6(H_2O)_6$으로 표기는 동일하지만 성질의 차이가 있다.

#### ① 쇄상구조

쇄상구조(chain structure)는 사슬모양으로 연결된 탄소원자에 -OH와 -H가 결합되어 양쪽에 배치되어 있는 구조이다.

#### ② 환상구조

환상구조(ring structure)는 단당류의 카르보닐기[알데히드기(-CHO) 또는 케톤기(=CO)]와 $C_5$ 또는 $C_6$에 결합된 수산기가 반응하여 헤미아세탈(hemiacetal) 또는 헤미케탈(hemiketal)을 형성함으로서 환상구조를 이룬다. 환상구조가 형성되면서 당의 용해도, 감미도, 선광도 및 미생물의 발효성 등이 달라진다. 포도당이 환상구조가 되면 $C_1$이 새로운 부제탄소로 되어 $\alpha$형과 $\beta$형의 이성체가 생긴다. 이때, 새로 생긴 부제탄소에 결합되어 있는 -OH가 아래에 있는 것을 $\alpha$-D-글루코오스, 위에 있는 것을 $\beta$-D-글루코오스라고 한다 그림 3-1 .

### 2) 부제탄소 및 이성질체

3탄당(triose)인 글리세르알데히드(glyceraldehyde)의 구조에서 중앙 탄소에 있는 4개의 결합 손에는 서로 다른 4개의 원자 또는 원자단이 결합되어 있으므로 이런 탄소원자를 부제탄소원자(비대칭 탄소원자)라 하며 2개의 이성체가 생긴다 그림 3-2 .

단당류는 분자 중에 한 개 이상의 부제탄소원자를 가지므로 D형과 L형의 입체 이성체를 가진다. 입체 이성체의 경우 알데히드기 및 케톤기로부터 가장 멀리 있는 탄소 바로 옆에 붙어있는 부제탄소에 결합하는 수산기(-OH)의 위치가 오른쪽에 있을 경우 D형, 왼쪽에 있을 경우는 L형이라 한다. 이성체 수는 탄소수가 증가함에 따라 증가하며 부제탄소수가 n개가 되면 $2^n$개의 이성체가 존재하게 된다. 이를 반트 호프(Van't Hoff) 법칙이라 한다.

D-형과 L-형을 결정하는 부제탄소원자를 제외한 부제탄소원자들이 결합된 수산기(-OH)

의 위치가 1개만 다를 때, 에피머(epimer)라고 한다 그림 3-3. 이때, 에피머는 동일 탄소 수 갖는 단당류이며 D-글루코오스와 D-갈락토오스, D-만노오스 등이 있다.

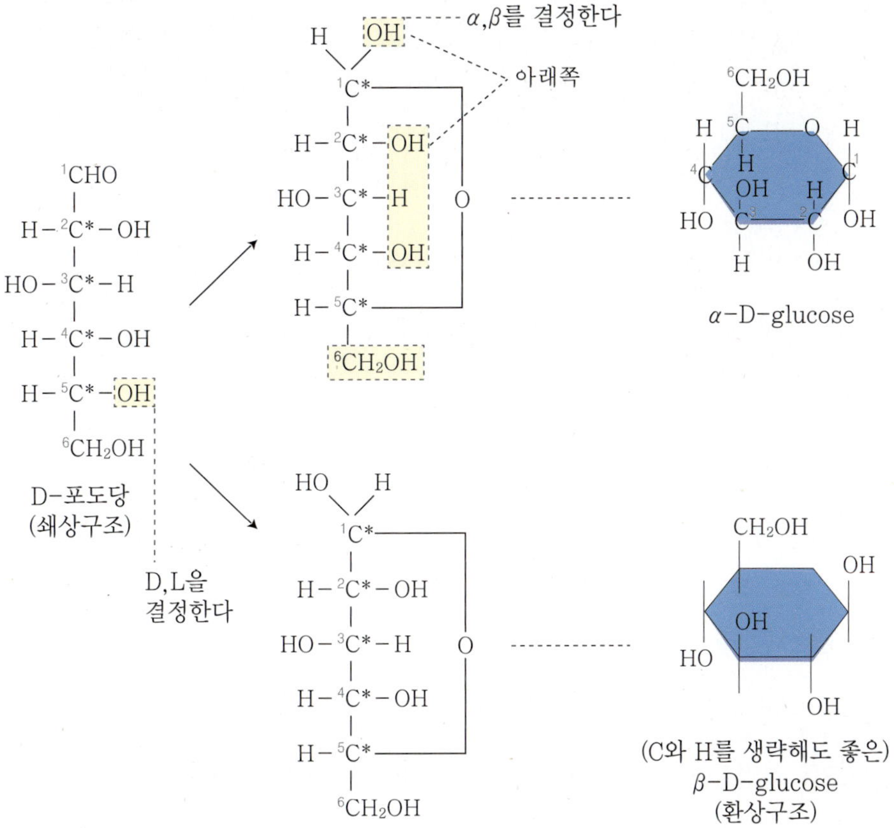


그림 3-1 D-glucose → α-D-glucose 및 β-D-glucose

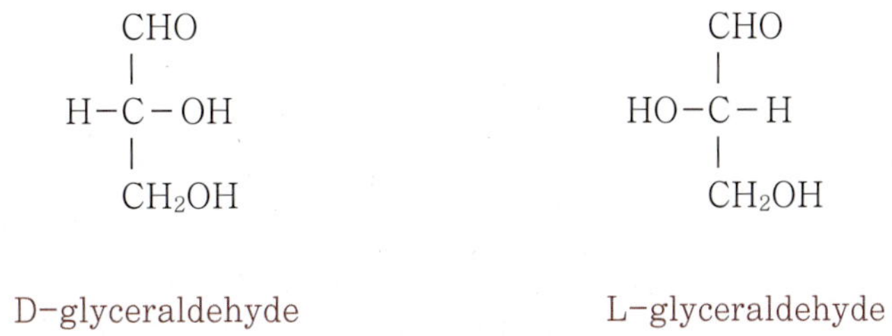


그림 3-2 글리세르알데히드(glyceraldehyde)

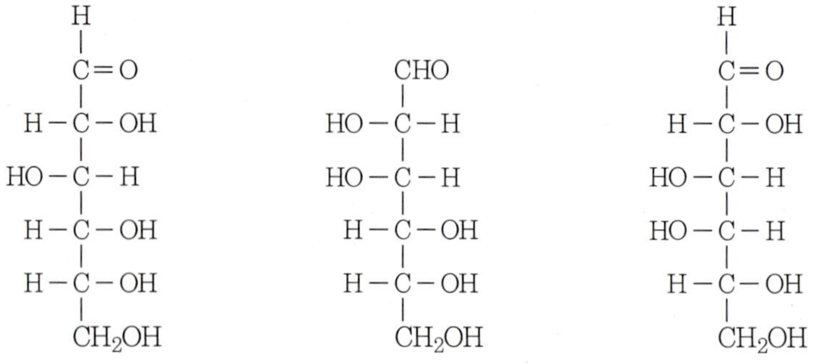

D-glucose D-mannose D-galactose

그림 3-3 에피머(epimer) 및 D-glucose과 D-galactose

## 3) 좌선성과 우선성

당 용액에 편광을 통과시키면 빛의 회전방향이 회전하게 되는데 이와 같이 당 용액이 빛의 방향을 회전시키는 정도를 선광도(angle of rotation)이라 하며, 입체 이성체는 선광도가 서로 다르다. 회전방향이 오른쪽이면 우선성(+), 왼쪽이면 좌선성(-)으로 표기하며 회전된 정도를 선광도($\alpha$)로 통용된다.

## 4) 환원당과 비환원당

환상구조를 형성할 때 카르보닐기[알데히드기(-CHO) 또는 케톤기(=CO)]에서 새로운 탄소원자에 결합하고 있는 수산기(-OH)는 다른 탄소원자에 결합하고 있는 수산기보다도 반응성이 높으며 환원성이 강하다. 이러한 글리코시드성 수산기의 유무에 따라 환원당과 비환원당으로 구분한다. 환원당은 펠링 실험에서 황산구리($CuSO_4$)의 알칼리 용액에서 $Cu^{+2}$를 환원시켜 $Cu^{+}$인 제일이산화구리($Cu_2O$)의 적갈색(붉은색) 침전을 형성한다.

- **환원당 : 글리코시드성 OH가 있는 당**
  → 모든 단당류, 맥아당, 유당, 셀로비오스, 겐티비오즈, 루티노오스, 트레할로오스, 멜리비오스
- **비환원당 : 글리코시드성 OH가 없는 당**
  → 자당, 트레할로오스, 라피노오스, 겐티아노오스, 스타키오스

## (2) 단당류의 종류

자연계에 유리 상태로 널리 분포되어 있는 단당류는 포도당(D-glucose) 및 과당(D-fructose) 등과 같은 6탄당이라 한다. 그 이외의 3탄당, 4탄당 및 5탄당은 유리 상태로 거의 존재하지 않으므로 식품에서 중요한 당류는 소당류, 다당류 및 배당체의 성분으로서 결합 상태로 존재한다.

### 1) 5탄당

5탄당(pentose)은 자연계에 유리 상태로 거의 존재하지 않으며 여러 개가 축합된 펜토산(pentosan)형태로 존재한다. 인체 내에서는 펜토산을 분해시키는 효소가 없어서 영양성분으로는 가치가 없으나 초식동물의 중요한 사료성분이다. 5탄당에는 자일로오스(xylose), 리보오스(ribose), 아라비노오스(arabinose) 등이 있으며 효모에 의해 거의 발효되지 않는다.

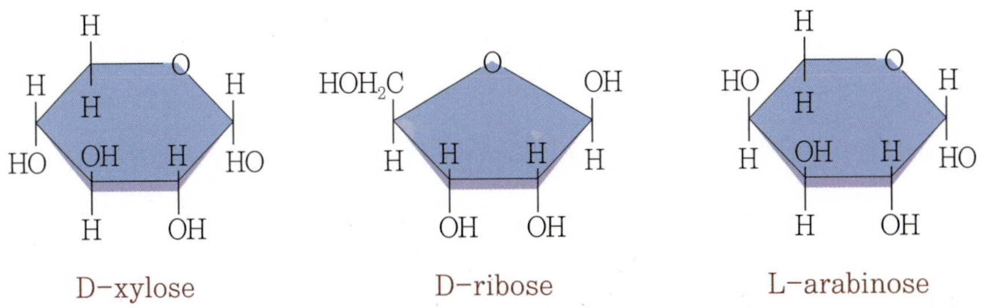


그림 3-4 5탄당(pentose)의 종류

#### ① 자일로오스

자일로오스(xylose)는 저칼로리원의 감미료이며 볏짚, 옥수수 속대, 죽순 등의 식물체 목질부에 존재하는 다당류인 자일란(xylan)의 구성성분이다. 자일란은 일부 세균에 의해 발효되지만 효모에 의해서는 발효되지 않는다.

#### ② 리보오스

리보오스(ribose)는 천연에 유리 상태로 존재하지 않고 동물세포에 존재하는 핵산(DNA, RNA)의 구성성분으로 매우 중요하다.

### ③ 아라비노오스

아라비노오스(arabinose)는 아라비안 검(arabian gum)의 주성분인 다당류 아라반(araban)의 구성당이며 펙틴(pectin), 헤미셀룰로오스(hemicellulose) 등의 구성성분으로 존재한다.

## 2) 6탄당

과일 및 식물체 등의 자연계에 유리 상태로 널리 분포되어 있으며 많은 고분자 탄수화물(전분, 섬유소, 글리코겐)의 주요 구성성분으로 존재한다. 주요 식품성분인 6탄당에는 포도당(glucose), 과당(fructose), 갈락토오스(galactose), 만노오스(mannose) 등이 있으며 이들은 모두 효모에 의해 발효되므로 지모헥소오스(zymohexose)라 한다.

### ① 포도당

포도당(glucose)은 포도를 비롯한 과일, 꽃, 식물체 등에 함유되어 있으며 자연계에는 유리 상태로 많이 존재하고 있다. 포유동물의 혈액에는 약 0.1% 혈당으로 존재하며 동물체내에는 글리코겐의 형태로 저장되어 에너지원으로 사용된다. 전분, 섬유소, 글리코겐, 맥아당, 자당, 유당, 배당체를 구성하는 단당류이며 $\alpha$형 포도당($\alpha$-glucose)이 $\beta$형 포도당($\beta$-glucose)보다 더 단맛이 강하다. 포도당의 단맛은 자당을 100으로 했을 때 70 정도이다.

### ② 과당

과당(fructose)은 단당류 중에서 단맛과 용해도가 가장 높은 당이며 과일, 벌꿀 등에 널리 존재한다. $\alpha$형과 $\beta$형 두 가지의 이성체가 존재하며 감미는 $\alpha$형 과당($\alpha$-fructose)보다 $\beta$형 과당($\beta$-fructose)이 더 높다. 포도당과 함께 설탕의 구성성분이며 돼지감자의 뿌리와 줄기 및 달리아 뿌리에 존재하는 다당류인 이눌린(inulin)의 구성성분으로, 가수분해하면 얻을 수 있다. 과당은 결합 상태일 때는 푸라노오스(furanose)형태로 존재하며 유리형태일 때는 푸라노오스(furanose)와 피라노오스(pyranose)의 두 가지 형태로 존재한다.

### ③ 갈락토오스

갈락토오스(galactose)는 유리 상태로 거의 존재하지 않으며 포유동물의 유즙에만 존재하는 유당을 비롯하여 라피노오스(raffinose), 스타키오스(stachyose), 한천(agar), 갈락탄(galactan) 등의 구성당으로 환원력을 가지고 있다. 또한 유리 상태로 거의 존재하지 않으며 감미도는 설탕의 약 30% 정도이다. 동물의 뇌수와 신경조직 등에 함유되어 있는 갈락토리피드(galactolipid)의 구성성분으로 중요하다.

#### ④ 만노오스

만노오스(mannose)는 유리 상태로 거의 존재하지 않고 다당류의 만난(mannan), 갈락토만난(galactomannan), 글루코만난(glucomannan)의 구성 단당류로 환원력을 가지고 있다. 주로 감귤류, 곤약감자, 백합 뿌리 등의 발아종자에 존재하고 있으며 감미도는 설탕의 60% 정도이다.

## (3) 단당류의 유도체

단당류의 유도체는 당의 산화 및 환원 반응, 아미노기의 결합, 황과 결합 그리고 비당류와 결합 등에 의해 당알코올, 데옥시당, 알돈산, 우론산, 당산, 아미노당, 티오당 및 배당체 등이 있다.

### 1) 당알코올

당알코올(sugar alcohols)은 단당류의 알데히드(-CHO) 또는 케톤기(=CO)가 알코올기($CH_2OH$)로 환원된 탄수화물로서 당류의 의미(-ose)대신에 -itol를 붙여 명명한다. 예를 들면 자일로오스(xylose)의 당알코올은 자일리톨(xylitol), 글루코오스(glucose)의 당알코올은 솔비톨(sorbitol), 만노오스(mannose)의 당알코올은 만니톨(mannitol), 리보스(ribose)의 당알코올은 리비톨(ribitol) 등으로 명명한다 그림 3-5. 이노시톨(inositol)은 비타민 B군의 일종이며 6개의 수산기(-OH)를 가지는 환상구조이다. 이노시톨(inositol)은 두류와 과일 등의 식물체에 존재하며 동물체의 간, 뇌, 근육, 내장이나 난황 등에 존재하므로 근육당이라 한다. 주요 당알코올에는 자일리톨(충치예방), 당뇨환자의 감미료 사용되는 솔비톨(식이성 감미료, 수분조절제로 식품에 사용) 및 만니톨(미역, 다시마, 고구마, 곶감) 등이 있으며 체내에서 흡수 이용되지 못하므로 저칼로리원이다.

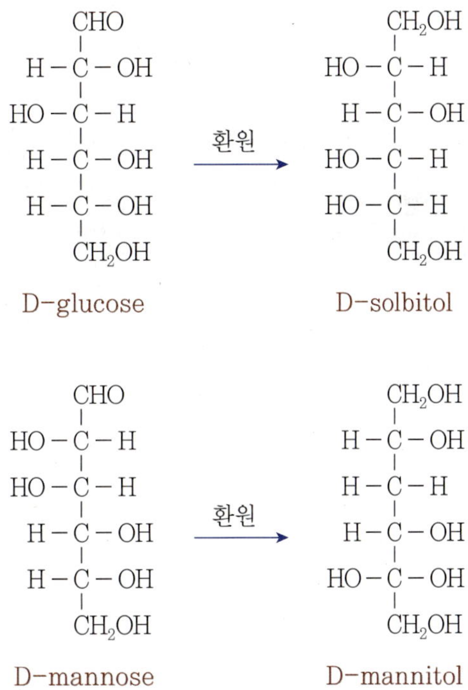


그림 3-5 당알코올(sugar alcohols)

## 2) 아미노당

아미노당(amino sugar)은 6탄당(hexose)의 2번째 탄소($C_2$)에 결합되어 있는 수산기(-OH)가 아미노기($-NH_2$)로 치환된 탄수화물이다. 글루코사민(glucosamine)과 갈락토사민(galactosamine)이 중요한 아미노당이며 글루코사민은 새우, 게의 껍질에 함유되어 있는 키틴(chitin)의 구성당이며, 갈락토사민은 연골에 있는 콘드로이틴 황산(chondroitin sulfate), 당지질, 당단백질, 뮤코이드(mucoid)등의 성분이다 그림 3-6.

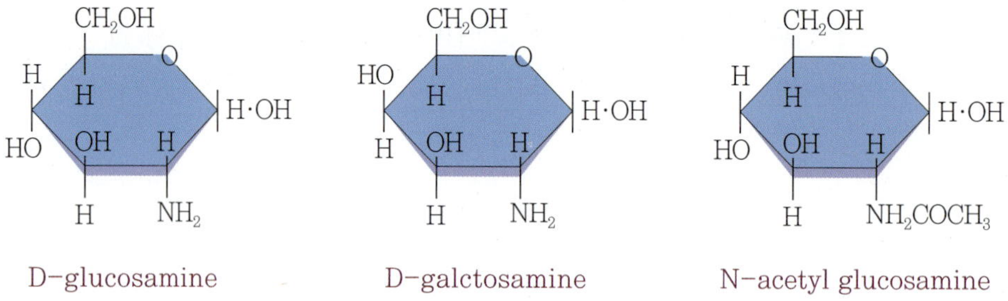


그림 3-6 아미노당(amino sugar)

## 3) 우론산

우론산(uronic acid)은 단당류의 $C_6$번 탄소의 $-CH_2OH$가 산화되어 카르복실기(-COOH)로 전환된 것으로 글루코오스(glucose)에서 글루크론산(glucuronic acid), 갈락토오스(galactose)에서 갈락트론산(galacturonic acid), 만노오스(mannose)에서 만누론산(mannuronic acid) 등이 있다. 만누론산 및 갈락트론산은 과일 중의 펙틴(pectin), 알긴산(alginic acid), 식물 검 등의 중요한 구성성분이다 그림 3-7.

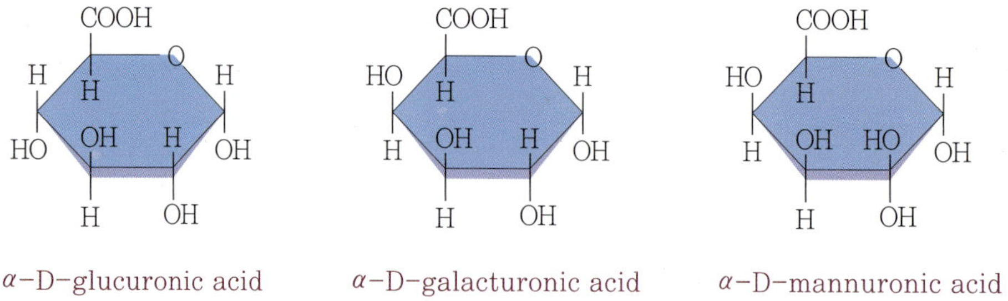


그림 3-7 우론산(uronic acid)

## 4) 티오당

티오당(thio sugar)은 단당류 $C_1$의 수산기(-OH)가 -SH로 치환된 탄수화물로서 티오글루코오스(thioglucose)는 무, 마늘, 고추냉이의 매운맛 성분인 시니그린(sinigrin)의 구성성분이다.

## 5) 배당체

배당체(glycoside)는 주로 식물계에 분포되어 있고 강한 약리작용 또는 독성을 나타내며 색깔, 쓴맛 등 기호성에 관여하는 성분들이 많다. 당류의 글리코시드성 수산기(-OH)가 비당류의 수산기의 하나와 글리코시드 결합되면서 물 한 분자가 제거된다. 이러한 결합으로 형성된 물질을 배당체라 한다. 식품에서는 포도당(glucose)이 결합된 배당체가 가장 많고 비당류 부분을 아글리콘(aglycone)으로 칭한다. 예를 들면 배당체는 아미그달린(amygdalin), 안토시아닌(anthocyanin), 헤스페리딘(hesperidin), 나린진(naringin), 루틴(rutin), 시니그린(sinigrin), 솔라닌(solanine), 스테비오사이드(stevioside) 등이며 식품에 존재한다 표 3-2.

**표 3-2** 식품에 함유된 배당체

| 배당체 | 결합당류 | 식품 | 특징 |
|---|---|---|---|
| 안토시아닌(anthocyanin) | 포도당, 갈락토오스 | 검정콩, 홍당무, 가지, 포도, 오디 | 색 |
| 헤스페리딘(hesperidin) | 포도당, 람노오스 | 밀감 | 비타민 P |
| 나린진(naringin) | 포도당, 람노오스 | 감귤류 껍질 | 쓴맛 |
| 루틴(rutin) | 포도당, 람노오스 | 메밀 | 비타민 P |
| 시니그린(sinigrin) | 포도당 | 고추냉이 | 냄새, 맛 |
| 스테비오사이드(stevioside) | 포도당 | 스테비아 | 단맛 |
| 솔라닌(solanine) | 포도당, 람노오스, 락토오스 | 감자 | 독성 |
| 아미그달린(amygdalin) | 포도당 | 청매실 | 청산(HCN) |

# 2. 소당류

소당류(oligosaccharide)는 2~10분자의 단당류가 n-1개의 물을 잃고 글리코시드(glycoside) 결합을 한 당류로서 유리 상태 또는 배당체의 구성성분으로 자연계에 널리 분포한다. 소당류로 구성하는 단당류의 수에 따라 2당류, 3당류, 4당류, 5당류 등으로 구분한다.

## (1) 2당류

단당류 2분자가 글리코시드 결합을 가진 당류로서 소당류 중에서 식품에 가장 많이 함유되어 있는 당류이다. 환원성 2당류는 유당(lactose), 맥아당(maltose), 셀로비오스(cellobiose), 이소말토오스(isomaltose), 겐티비오즈(gentibiose) 및 루티노오스(rutinose) 등이 있으며 비환원성 2당류는 설탕(sucrose), 트레할로오스(trehalose) 등이 대표적이다.

### 1) 맥아당

맥아당(maltose, 엿당)은 전분의 가수분해와 소화과정의 중간 생성물로서 천연에서는 유리된 상태로 존재하지 않는다. 전분을 구성하는 기본단위이며 2분자의 포도당($\alpha$-glucose)이 $\alpha$-1,4 결합한 2당류로서 물에 잘 용해되며 엿기름(malt) 중에 많이 함유되어 있다. 맥아당에 산 또는 말타아제(maltase)를 작용시키면 가수분해 되어 두 분자의 포도당이 생성된다. 맥아당은 환원성 성질을 나타내는 환원당이며 효모에 의해 발효되고 설탕을 기준으로 감미도는 50~60% 정도이다 그림 3-8.

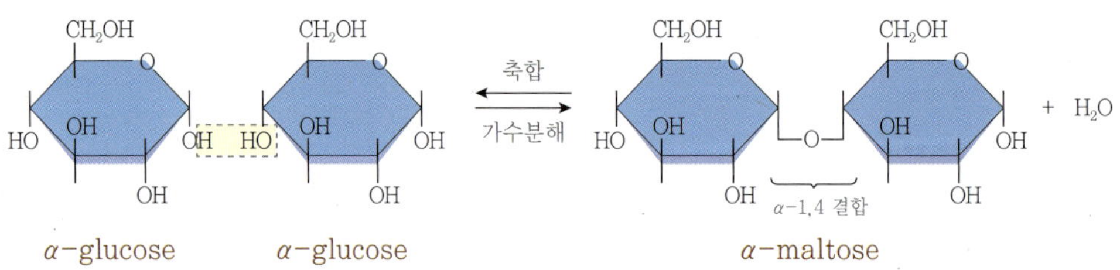


그림 3-8 맥아당(maltose)

## 2) 유당

유당(lactose, 젖당)은 식물체에는 존재하지 않고 오로지 포유동물의 유즙에만 함유되어 있는 2당류로서 한 분자의 갈락토오스(galactose)와 한 분자의 포도당(glucose)이 글리코시드 결합한 환원성 성질을 나타내는 환원당이다. 사람의 유즙에는 5~8%, 우유에는 4~6% 정도 함유되어 있다. 유당은 소장에서 락타아제(lactase)에 의해 가수분해 되어 장내의 pH가 약산성 쪽으로 기울어지면서 칼슘 흡수를 용이하게 하고 정장작용을 하는 유산균의 발육을 촉진시키는 기능을 한다 그림 3-9.

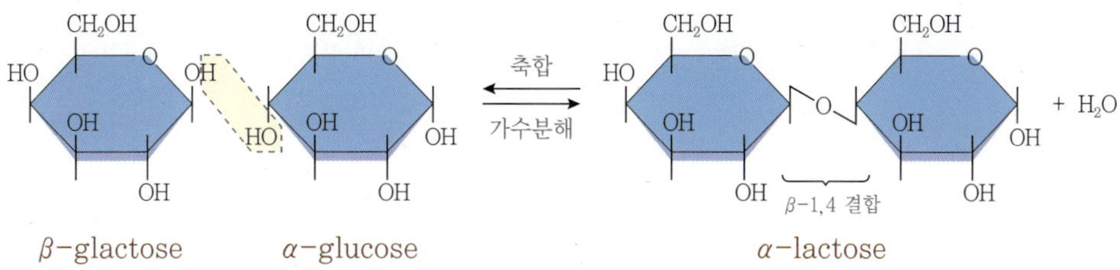


그림 3-9 유당(lactose)

## 3) 설탕

설탕(sucrose, 자당)은 꽃, 과일, 종자 등 식물계에 널리 분포되어 있다. 특히, 사탕수수(10~16%), 사탕무(13~17%)에서 즙을 농축하여 결정화하고 정제하여 만든다. 설탕은 포도당(glucose) 한 분자와 과당(fructose) 한 분자가 α-1,2 결합한 2당류로 비환원당이므로 α, β 이성체가 존재하지 않아 온도 변화에 따른 감미의 변화가 없고 안정적이어서 표준 감미 물질로 사용된다. 설탕은 산 또는 전화효소(invertase)에 의하여 가수분해 되어 포도당과 과당을 생성한다. 이때, 생성된 포도당과 과당의 등량 혼합물을 전화당(invert sugar)이라 하며 우선형(+66.5°)에서 좌선형(-19.9°)으로 변화된 결과를 나타낸다. 또한 전화당(invert sugar)의 감미도는 설탕보다 더 높다. 설탕은 160℃에서 녹으며 200℃에서는 캐러멜화(caramelization)가 발생하여 갈색을 형성하는데, 식품가공에서 색과 향을 내는데 이용되고 있다.

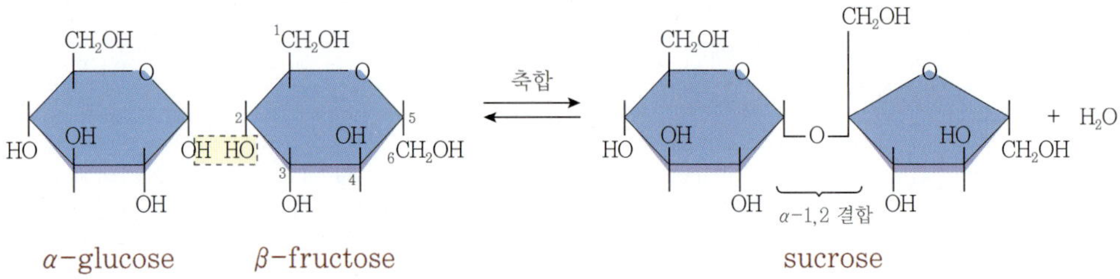


그림 3-10 설탕(sucrose)

$$\underset{\text{sucrose}}{C_{12}H_{22}O_{11}} + H_2O \rightarrow \underset{\text{glucose}}{C_6H_{12}O_6} + \underset{\text{fructose}}{C_6H_{12}O_6}$$

$$+66.5^\circ \qquad\qquad +52.5^\circ \quad -92.0^\circ$$

### 4) 루티노오스

루티노오스(rutinose)는 β-람노오스와 β-글루코오스가 β-1,6 결합한 2당류로서 환원성을 가지고 있으며 루틴(rutin), 헤스페리딘(hesperidin), 나리진(narigin)등의 구성성분이다.

### 5) 트레할로오스

트레할로오스(trehalose)는 α-글루코오스 두 분자가 α-1,1 결합한 2당류로서 환원성이 없는 비환원성이며 다당류인 트레하만난(trehamannan), 버섯, 효모, 맥각 등에 존재한다.

## (2) 3당류 및 4당류

식품 중에 존재하는 주요 소당류로서 비환원성 3당류는 라피노오스[raffinose(galactose-glucose-fructose)]가 있으며 대두, 면실 등의 식물 종자 및 뿌리에 존재한다. 또한 멜레아토오스[meleatose(glucose-fructose-glucose)], 겐티아노오스[gentianose(glucose-glucose-fructose)] 등이 있다. 그리고 비환원성 4당류에는 스타키오스[stachyose(galactose-galactose-glucose-fructose)]가 대두, 면실에 존재하며 장내 세균의 발효에 의해 가스를 형성한다. 또한 비피더스균의 활성을 증가시키며 간 기능 보호, 변비방지, 혈압강하, 항암효과가 있는 것으로 알려져 있다.

# 3. 다당류

다당류(polysaccharide)는 다수의 단당류 및 그 유도체들이 글리코시드(glycoside) 결합으로 연결된 고분자 탄수화물이다. 동물, 식물, 미생물 등 자연계에 가장 광범위하게 다량으로 분포하고 있다. 다당류는 크게 두 가지로 분류하는데 동일한 단당류만으로 구성된 다당류를 단순다당류(simple polysaccharides)라 하며, 두 가지 이상의 단당류가 무수히 많이 결합된 다당류를 복합다당류(compound polysaccharides)라고 한다.

표 3-3 다당류의 종류 및 급원식품

| 존재 | 분류 | 종류 |
|---|---|---|
| 식물 | 저장다당류 | 전분, 덱스트린, 이눌린, 글루코만난 |
| | 세포벽 구성다당류 | 섬유소, 헤미셀룰로오스, 펙틴 |
| 동물 | 저장다당류 | 글리코겐, 키틴, 황산콘드로이틴 |
| 기타 | 식물에서 얻어지는 검 | 아라비아 검, 구아 검 |
| | 해조류에서 얻어지는 검 | 한천, 알긴산, 카라기난 |
| | 미생물에서 얻어지는 검 | 덱스트란, 잔탄 검 |

## (1) 전분

전분(starch, 녹말)은 대표적인 식물성 저장 탄수화물로서 녹색식물의 광합성 작용에 의하여 수백~수천 개의 포도당이 결합된 유기 화합물이며 곡류, 감자, 고구마, 콩류 등의 종자나 뿌리에 에너지원으로 저장된다. 전분을 가수분해하는 효소에는 $\alpha$-아밀라아제(액화효소), $\beta$-아밀라아제(당화효소), 글루코아밀라아제 등이 존재한다.

### 1) 전분의 성질

전분은 무색, 무미, 무취 그리고 백색 입자 형태로, 물에 녹지 않으며 비중(1.55~1.65)은 물보다 커서 물에 침전되는 성질을 지니고 있다. 전분은 요오드와 반응하여 포접 화합물을 형성하여 청색을 띤다. 전분은 물을 첨가하여 가열하면 팽윤 현상이 일어나고 60~70℃에서 호화되어 점성이 증가하게 된다. 전분의 종류에 따라 크기, 형태, 이화학적 성질이 다르며 이와 같은 특성을 이용하여 조리 및 가공식품을 제조한다.

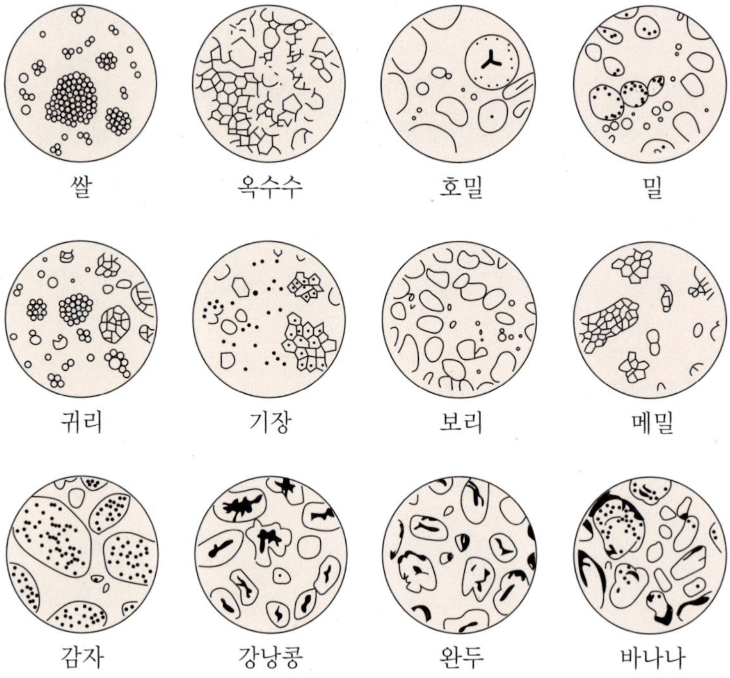


**그림 3-11 전분의 입자**

## 2) 전분의 분자 구조

전분은 다수의 포도당(glucose)이 결합된 단순다당류로서 아밀로오스(amylose)와 아밀로펙틴(amylopectin)의 2종류의 다당류로 구성되어 있다. 일반적으로 전분의 아밀로오스와 아밀로펙틴의 함량 비율은 15~30 : 70~85 정도이지만 찹쌀, 찰옥수수 등의 전분은 거의 100% 아밀로펙틴으로 구성되어 있다.

**표 3-4** 전분을 구성하는 아밀로오스와 아밀로펙틴의 특성

| 구분 | 아밀로오스 | 아밀로펙틴 |
|---|---|---|
| 온도 | 온수에 녹으면 전분립의 밖으로 유출되기 쉽다. 점성에 거의 없으며 냉각 시 겔(gel) 상으로 단단해진다. | 물과 함께 가열하면 분자가 팽윤해서 점도가 큰 풀(paste) 상태로 된다. 냉각 시 서서히 단단해진다. |
| 포도당 결합 형태 | 직쇄상 형태: 포도당이 $\alpha$-1,4 결합만으로 연결된 포도당 6개 단위로 나선상의 구조 | 나뭇가지 형태: 포도당이 $\alpha$-1,4 및 $\alpha$-1,6 결합된 나뭇가지 모양 |
| 포도당 중합도 | 50~3,000개의 포도당 | 300~3,000개의 포도당 |
| 분자량 | 40,000~340,000 | 4,000,000~6,000,000 |
| 요오드 정색 반응 | 청색(청남색) | 자색(적자색) |
| 용해도 | 잘 녹음 | 거의 녹지 않음 |
| amylase 활성도 | 95~100% 분해됨 | 50%정도 분해됨 |
| 호화도 | 아밀로펙틴보다 빠르다 | 아밀로오스보다 느리다 |
| 노화도 | 아밀로펙틴보다 빠르다 | 아밀로오스보다 느리다 |
| 포접 화합물 | 생성 | 생성 못함 |
| 주요 전분식품 | 곡류, 감자, 고구마, 콩류 | 찹쌀, 찰옥수수 |
| 함량 | 전체 전분의 약 15~30%(20%) | 전체 전분의 80~100% |

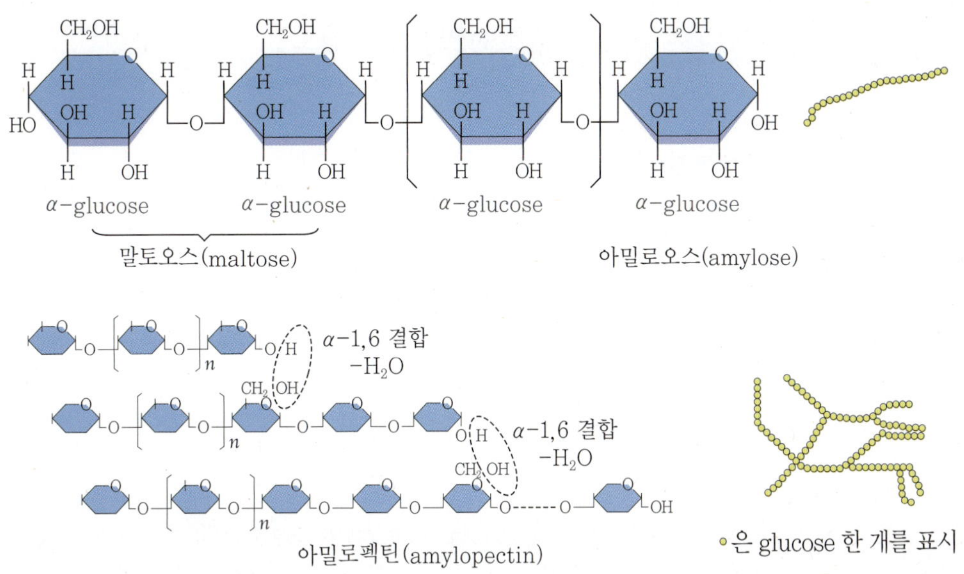


**그림 3-12** 아밀로오스(amylose)와 아밀로펙틴(amylopectin)

### 3) 전분의 호화

전분입자는 아밀로오스와 아밀로펙틴의 분자 상호간의 강한 결합력에 의하여 규칙적으로 모여진 미셀(micelle)구조로 되어 있는데 이를 생전분($\beta$-전분)이라 하고 미셀구조가 흐트러진 전분을 호화전분($\alpha$-전분)이라 한다. 생전분에 물을 넣고 가열하면 전분 분자와 물분자의 운동이 활발하게 되어 전분입자의 일부가 흐트러지고 틈이 생겨서 물이 침투하여 팽윤하게 된다. 한층 더 가열하면 전분의 미셀구조가 파괴되어 반고체 상태인 겔(gel) 상태의 교질(colloid) 용액이 되는데 이를 전분의 호화($\alpha$화, gelatinization)라 한다. 이와 같은 호화과정은 제1단계(수화현상), 제2단계(팽윤), 제3단계(교질 상태) 순서로 발생한다 그림 3-13.

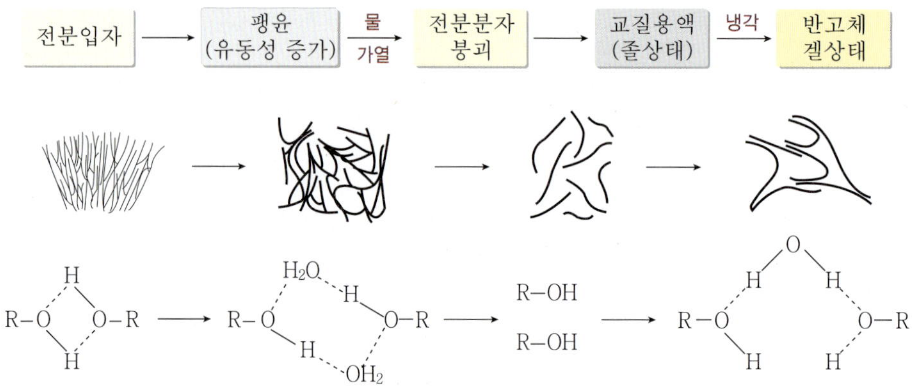


그림 3-13 **전분의 호화과정**

**표 3-5 전분의 호화에 영향을 미치는 인자**

| | |
|---|---|
| **전분의 종류** | 전분입자의 크기, 구조 및 종류에 따라 호화온도는 영향을 받음<br>입자크기가 작은 지상전분(쌀, 곡류)보다 입자크기가 큰 지하전분(감자, 고구마)의 호화온도가 낮다. |
| **수분함량** | 수분함량이 많을수록 호화가 쉽다(30% 이상). |
| **pH** | 알칼리에 의해 전분의 팽윤과 호화는 촉진되고 노화는 지연된다. |
| **온도** | 호화의 최저온도는 전분의 종류와 수분함량에 따라 차이가 있지만 일반적으로 60℃ 전후이며, 온도가 높으면 호화시간은 단축된다. |
| **염류** | 일반적으로 염류는 음이온이 팽윤제로서 작용하므로 대부분의 염류는 전분의 호화를 촉진시킨다(단, $MgSO_4$ 예외). |

### 4) 전분의 노화

호화된 전분($\alpha$-starch)을 낮은 온도 또는 실온에서 장시간 방치하면 전분의 수화수가 손실되면서 다시 전분입자가 부분적으로 모여서 규칙성의 미셀구조로 되돌아가는데 이를 노화라 한다 그림 3-14 . 전분의 노화는 $\alpha$-전분이 $\beta$-전분 형태로 변한 것으로 효소의 작용을 느리게 하는 결과를 초래한다. 전분 식품의 전분 노화억제 방법은 10% 이하로 수분 함량조절(비스킷, 라면, 건빵, 팽화식품), 60℃ 이상으로 보온법(보온 상태의 밥), 다량의 당 첨가(양갱: 설탕의 탈수작용) 및 유화제 첨가(빵) 등이 이용된다.

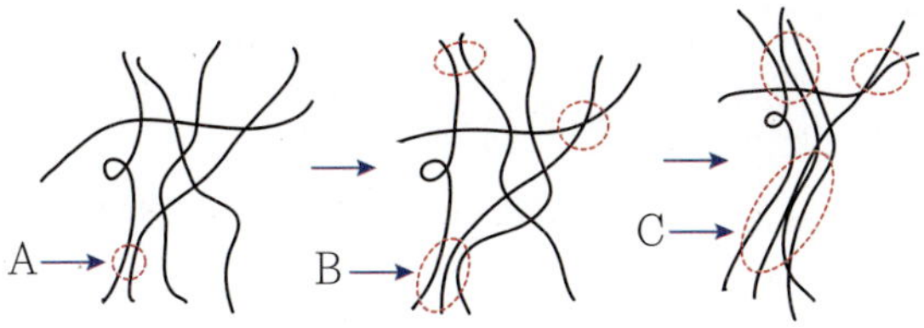


그림 3-14 전분의 노화과정

**표 3-6 전분의 노화에 영향을 미치는 인자**

| | |
|---|---|
| 전분의 종류 | 전분의 노화는 전분입자가 작을수록 쉽고 아밀로펙틴의 함량이 많을수록 어렵다. 일반적으로 전분입자의 크기가 작은 곡류 전분이 지하 전분보다 노화의 진행이 빠르다. 아밀로오스는 노화가 쉽고 아밀로펙틴은 노화되기 어렵다. 즉, 아밀로오스가 아밀로펙틴보다 노화되는 속도가 빠르다. |
| 수분함량 | 30~60% 수분함량의 전분에서 노화가 잘 발생함.<br>10% 이하 또는 60% 이상 수분함량을 함유하고 있는 전분은 노화가 억제됨. |
| pH | 산성에서는 노화가 촉진되지만 강산성의 경우에는 노화가 억제된다.<br>알칼리 상태에서는 노화가 억제된다. |
| 온도 | 0~5℃의 냉장온도에서 가장 쉽게 노화가 일어난다(교질 상태의 불안정화).<br>60℃ 이상 또는 -20~-30℃ 온도는 노화가 거의 일어나지 않는다. |
| 염류 | 염류는 이온으로 작용하기 때문에 노화를 억제한다(단, 황산염은 노화를 촉진).<br>노화촉진 순서는 음이온: $CNS^- > PO_3^- > CO_3^{2-} > I^- > NO_3^-$<br>양이온: $Ba^{2+} > Sr^{2+} > Ca^{2+} > K^+ > Na^+$ |

### 5) 전분의 호정화

전분에 수분 첨가 없이 고온(150~190℃)으로 가열하면 전분 분자의 열분해와 부분적 가수분해가 일어난다. 이때, 가열분해물의 수용성 전분과 더불어 덱스트린 등이 생성된다. 이와 같은 가열에 의한 전분의 분해과정에 의한 덱스트린의 형성과정을 호정화(dextrinization)라 한다. 호정화에 의해 생성된 수용성 전분 또는 덱스트린은 천연 전분보다 분자량이 작아서 물에 잘 풀리며 효소작용도 용이하다. 전분의 호정화는 빵의 껍질, 토스트, 수용성 전분 및 비스킷 등에서 볼 수 있다.

## (2) 덱스트린

전분을 산 또는 효소로 가수분해하면 거대한 전분 분자들이 여러 과정을 거쳐 분해되어 맥아당이 되고 최종적으로 포도당으로 분해된다. 전분의 분해과정을 중간에 중단시키면 가수분해 정도에 따라 다양한 중합도를 가지는 중간 생성물을 얻게 된다. 이때, 맥아당 및 포도당이 되기 이전의 가수분해 중간 생성물들을 덱스트린(dextrin)이라 한다. 덱스트린의 종류는 분자량 또는 중합도의 크기에 따라 아밀로덱스트린(amylodextrin), 에리스로덱스트린(erythrodextrin), 아크로덱스트린(achrodextrin), 말토덱스트린(maltodextrin) 등으로 나누며, 순서대로 분자량이 작다 표 3-7.

표 3-7 덱스트린의 종류 및 특성

| 종류 | 요오드 정색 반응 | 특성 |
|---|---|---|
| 아밀로덱스트린(amylodextrin) | 청색 | 뜨거운 물에 잘 분산되며 투명한 교질 상태 |
| 에리스로덱스트린(erythrodextrin) | 적갈색 | 차가운 물에 잘 분산되며 환원력이 있다. |
| 아크로덱스트린(achrodextrin) | 무색 | 환원력이 있다. |
| 말토덱스트린(maltodextrin) | 무색 | 환원력이 있다. |

## (3) 이눌린

과당이 $\beta$-1,2 결합으로 형성된 중합체인 이눌린(inulin)은 돼지감자, 우엉, 달리아 뿌리 등에 함유되어 있다. 사람에게는 이눌린을 분해하는 효소(inulinase)가 존재하지 않아 흡수할 수 없고 식품으로서 영양적 가치는 없으나 과당의 제조 원료로 사용된다.

## (4) 만난

만난(mannan)은 포도당(glucose)과 만노오스(mannose)의 결합비가 1:2 또는 2:3으로 β-1,4 결합 상태로 되어 있으며 곤약감자에 존재한다. 사람의 소화효소에 의하여 소화되지 않으므로 저칼로리 식품의 원료로 사용된다.

## (5) 식이섬유

식이섬유(dietary fiber)란 인간의 소화효소로서 분해되지 않는 난소화성 다당류이며 주로 채소, 감자류, 곡물, 과일, 해조류 등에 많이 들어있는 물질이다. 식이섬유소는 물에 대한 친화성에 따라 수용성과 불용성으로 나눌 수 있다. 수용성 식이섬유소는 과일에 많이 들어 있는 펙틴질과 구아 검, 해조다당류 등이 있으며 불용성 식이섬유소는 셀룰로오스, 헤미셀룰로오스, 리그닌 등이 있다.

**표 3-8 식이섬유소의 기능**

| 기능 | 작용 |
|---|---|
| 비만 예방 | 장의 연동작용이 활발하도록 자극하여, 음식물이 장을 통과하는 시간을 단축시켜 영양소 흡수가 적어진다. 펙틴과 같은 수용성 섬유소는 물과의 친화력이 커 쉽게 용해되거나 겔(gel)을 형성하여 점성이 강해지고 다른 영양소의 흡수를 방해하기도 한다. |
| 대장암 예방 | 과일이나 채소는 식이섬유소뿐만 아니라, 비타민 C와 카로티노이드와 같은 항암 물질도 함유하고 있다. |
| 변비 예방 | 대장 근육을 자극해서 통과 속도를 빠르게 한다. 물을 보유하는 성질이 있어 변을 부드럽게 만든다. |
| 당뇨병 예방 | 소장에서의 당의 흡수가 느려지고, 혈당이 천천히 증가하므로 인슐린이 덜 필요하게 된다. |
| 동맥경화증 예방 | 소장의 콜레스테롤 흡수를 방해하여 인슐린 분비가 감소되면서 간에서의 콜레스테롤 합성이 감소된다. |

### 1) 섬유소

섬유소(cellulose)는 3,000개 이상의 포도당 단위체로 이루어진 복잡한 탄수화물 또는 다당류로서 식물 세포벽의 구성성분이다. 섬유소는 β-D-포도당이 β-1,4 결합하여 직쇄상으로 연결되어 있다. 목재에 50% 정도, 목화솜에는 90% 및 어린잎에는 10% 이상 함유되어 있어 식물체의 지지작용에 중요한 구실을 하며 인간의 소화효소에 의해 소화되지 않으므로 영양적 가치는 없는 편이다. 그러나 섬유소는 초식동물의 장내 세균에 의해 분해되어 일부 흡수되며, 장관의 운동을 자극해 변비예방에 좋다.

### 2) 헤미셀룰로오스

헤미셀룰로오스(hemicellulose)는 식물 세포벽의 구성성분 중 펙틴질을 제외한 것으로 셀룰로오스(cellulose) 표면에 특징적으로 결합하는 유연한 다당류를 말한다. 셀룰로오스 미세섬유를 서로 묶어 응집력 있는 네트워크로 만들어주는 밧줄 역할을 하거나 미세섬유 간의 직접적인 접촉을 막는 윤활성의 막을 씌우는 역할을 한다.

가장 흔한 헤미셀룰로오스는 자일란(5탄당인 자일로오스의 많은 분자들이 서로 결합되어 있는 것), 우론산(당산), 아라비노오스(5탄당) 등이 존재하는 복합다당류이다. 주성분은 자일란, 글루칸, 자일로글루칸, 글루코만난 등이다. 따라서 헤미셀룰로오스는 셀룰로오스와는 다른 다당류이다.

### 3) 펙틴 물질

펙틴 물질(pectic substance)은 식물 세포막 및 세포질 간에 섬유소와 함께 존재하는 복합다당류이며 대부분 $\alpha$-D-갈락트론산(galacturonic acid)이 1,4 결합으로 연결된 직선상의 유기 화합물이다. 펙틴 물질은 식물의 과일, 줄기, 종실의 외피, 과일류, 무, 한천에 널리 분포되어 있고, 특히 과일이나 채소의 어린 조직에 많다. 산(pH 3~3.5) 및 당(50% 이상)과 함께 가열하면 겔(gel)화하는 성질이 있어 잼 및 젤리를 만드는 데 이용된다. 펙틴 물질은 프로토펙틴(protopectin), 펙틴(pectin), 펙틴산(pectinic acid), 펙트산(pectic acid)으로 구분된다.

## (6) 글리코겐

글리코겐(glycogen)은 동물성 저장 탄수화물로 포도당으로부터 간에서 만들어진 후 간 및 근육에 저장되며 효모 등 미생물에도 함유되어 있다. 글리코겐의 분자구조는 아밀로펙틴(amylopectin)과 유사하지만 길이는 짧고 분지되는 가지 수는 더 많으며 분자량도 더 크다. 글리코겐은 $\alpha$-포도당($\alpha$-glucose)이 $\alpha$-1,4 결합으로 형성된 중합체이면서 포도당 8~16개마다 $\alpha$-포도당이 $\alpha$-1,6 결합을 이루고 분자형태는 구형을 나타낸다. 요오드정색반응은 적자색~적갈색을 띠며 찬물에 분산되어 교질 용액이 된다.

### (7) 황산콘드로이틴

황산콘드로이틴(chondroitin sulfate)은 N-아세틸갈락토사민, 우론산, 황산으로 형성된 다당류이며 인체의 관절, 연골, 피부 및 혈관벽 등에 존재하는 생리 활성 물질의 역할과 관절 및 연골에 영양을 공급, 물리적 충격을 흡수시키는 데 도움을 준다.

**황산콘드로이틴의 주요 생리작용**

① 체세포가 정상적으로 생존할 수 있는 기반이 된다.
② 조직에 보수성, 윤활성 및 탄력성을 제공
③ 칼슘의 대사에 관여하여 뼈의 성장, 골절의 회복, 골다공증을 방지
④ 눈의 각막 및 수정체의 투명성, 탄력성을 유지
⑤ 관절, 인대 및 힘줄에 탄력성 및 원활성을 유지

### (8) 키틴

키틴(chitin)은 새우, 게, 곤충 등의 껍질에 다량 함유된 동물성 난소화성 다당류이다. 아미노당이 아세틸화한 N-아세틸-D-글루코사민이 $\beta$-1,4 결합으로 연결되어 있다. 키토산은 키틴을 고온, 강알칼리의 조건하에서 탈아세틸화(D.A, deacetylation)하여 얻어지며 글루코사민이 5,000개 이상 결합한 천연 고분자 물질이다. 키토산의 효능에는 중금속 배출, 체질개선(약알칼리성 체질), 면역력 강화, 노화방지, 혈당 조절, 항암작용, 콜레스테롤 수치 조절 등이 있다 그림 3-15.

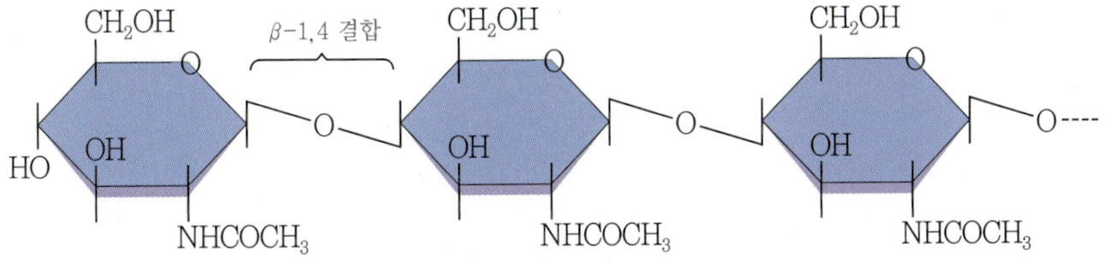


그림 3-15 키틴(chitin)

## (9) 덱스트란

연쇄상구균(*Leuconostoc dextranicum*)이 생산하는 덱스트란(dextran)은 $\alpha$-D-글루코오스가 $\alpha$-1,6 결합으로 연결되는 고분자이다. 김치를 제조할 때 설탕을 많이 첨가하면 점질성의 덱스트란이 생성되며 혈액증량제나 대용혈장으로 사용된다.

## (10) 검

물에 녹아서 점성을 나타내는 고분자 화합물을 통틀어 검(gum)질이라 하고, 식물에서 얻어지는 점액물질을 식물성 검이라 한다. 아라비아 검, 구아 검 등이 있다.

### 1) 아라비아 검

아라비아 검(arabia gum)은 아카시아 과의 수액에 들어 있는 다당류인데, 갈락토오스(galactose)를 모체로 하여 아라비노스(arabinose), 람노오스(rhamnose), 글루크론산(glucuronic acid) 등으로 이루어지는 비교적 짧은 측쇄가 다수 붙어 있는 분자구조를 하고 있다. 맥주의 거품안정제, 과자류의 겔(gel)화 등에 쓰인다.

### 2) 구아 검

구아 검(guar gum)은 콩과 식물에 포함되어 있고 만노오스(mannose)의 $\alpha$-1,4 결합으로 이루어지는 모체에 갈락토오스가 1개씩 $\beta$-1,6 결합으로 붙어서 짧은 측쇄를 다수 가지게 된 구조를 하고 있다. 냉수 속에서도 잘 팽윤하고 친수성이 강하기 때문에 증점제, 안정제로서 아이스크림, 과자, 빵 등에 쓰인다.

### 3) 해조다당류

#### ① 한천

한천(agar)은 우뭇가사리와 같은 홍조류를 열수로 끓여서 추출한 후 동결, 융해를 되풀이하여 건조한 것이다. 한천은 갈락토오스로 된 복합다당류 갈락탄(galactan)이며 겔 형성력이 좋은 아가로오스(agarose)와 아가로펙틴(agaropectin)의 두 성분으로 되어 있다. 강한 겔화력을 이용하여 과자류, 세균의 배지 등으로 쓰인다.

#### ② 알긴산

알긴산(alginic acid)은 미역, 다시마 등과 같은 갈조류의 세포벽에 존재하는 다당류로서 갈조류에서 추출된 알긴(algin)은 알긴산의 염이다. 알긴산의 프로필렌글리콜(propylene glycol) 유도체(PGA)는 산성 하에서도 가용성이고, 아이스크림 또는 냉동과자의 안정제로 사용된다 그림 3-16.

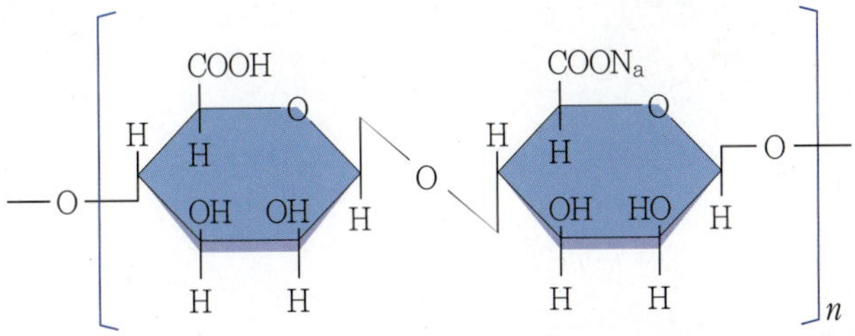


그림 3-16 **알긴산(alginic acid)**

### ③ 카라기난

카라기난(carrageenan)은 한천과 마찬가지로 홍조류의 세포벽에 있는 다당류로서 식품 중의 단백질, 특히 카제인과 반응하여 복합체를 만들어 용액을 안정화시킨다. 이런 성질을 이용하여 잼, 젤리, 아이스크림, 기름의 유화, 우유 음료의 안정화제로도 사용된다.

CHAPTER

04

# 지질

지질(lipids)은 탄수화물, 단백질 등과 같이 식품의 가장 중요한 성분 중의 하나로 각종 식품에 풍미를 부여할 뿐 아니라 생체 내 세포막의 구성성분인 동시에 1g 당 9kcal를 내는 에너지 저장체이다. 지질은 주로 탄소, 수소, 산소로 이루어져 있고 그 외에 인, 질소, 황 등을 포함한다. 물에는 녹지 않지만 에테르, 클로로포름, 아세톤, 벤젠 등과 같은 유기용매에 잘 녹는 소수성이 강한 물질이다.

지질은 글리세롤과 지방산의 에스테르인 글리세리드가 주성분이며 이밖에 스테롤, 지용성 비타민, 색소, 정유 등도 지질에 포함되나 이들은 글리세리드와 매우 다른 화학구조를 가지고 있다.

## 1. 지질의 분류와 구조

지질은 물리적인 성질에 의해 상온에서 액체인 것을 유(油, oil), 고체인 것을 지(脂, fat)라 부르는데 포화지방산을 많이 함유하고 있는 식품은 일반적으로 동물성 식품이고, 불포화지방산을 많이 함유하고 있는 식품은 식물성 식품이다.

**표 4-1 지질의 상온 상태에서의 구분**

| 구분 | Fat | Oil |
|---|---|---|
| 상온에서의 상태 | 고체상 | 액체상 |
| 주요 구성지방산 | 포화지방산 | 불포화지방산 |
| 주요 출처 | 동물성 지방 | 식물성 지방 |
| 주요 식품 | 우지, 돈지, 버터 | 콩기름, 옥수수기름, 참기름, 들기름 |
| 예외 | 팜유(식물성이나 fat) | 어유(동물성이나 oil) |

지질의 분류법은 다양하여 극성에 따라 극성지질, 비극성지질 및 중성지질로 구분하거나 비누화 특성에 따라 검화지질과 불검화지질로 구분하기도 한다. 그러나 일반적으로 구조와 조성에 따라 크게 단순지질, 복합지질, 유도지질로 분류한다. 단순지질은 지방산과 알코올이 에스테르 결합을 이루는 중성지질(트리글리세리드, triglyceride)이 대표적인 단순지질이며 동물 체내 조직의 에너지 저장체로 존재한다. 복합지질은 단순지질에 인산, 질소화합물, 당질 등의 다른 성분이 결합된 것으로 생체막의 구성성분이다. 유도지질은 단순지질이나 복합지질의 가수분해물로서 대부분의 물에 녹지 않는 지용성 물질들을 포함한다.

**표 4-2 지질의 분류**

| 지질의 종류 | | 특징 |
|---|---|---|
| 단순지질 | 중성지질 | 지방산과 글리세롤의 에스테르 |
| | 왁스 | 지방산과 고급1가 알코올의 에스테르 |
| | 스테롤 에스테르 | 스테롤과 지방산의 에스테르 |
| 복합지질 | 인지질 | 인산 함유 |
| | 당지질 | 당(주로 갈락토오스) 함유 |
| | 단백지질 | 단백질 함유 |
| 유도지질 | 지방산 | 직쇄상의 카르복시산 |
| | 고급알코올류 | 왁스류의 고급1가 알코올, 스테롤류 등 |
| | 각종 탄화수소 | 지방족 탄화수소, 카로티노이드, 스쿠알렌 등 |
| | 지용성 비타민류 | 비타민 A, D, E, K |

## (1) 단순지질

단순지질(simple lipid)은 지방산과 각종 알코올로 이루어진 에스테르의 총칭으로 중성지질, 왁스로 나눌 수 있다. 식품이나 체내 지질의 95%는 중성지질의 형태로 존재하며 자연식품에 가장 풍부하게 함유되어 있고 유지식품에 중요한 영향을 준다.

### 1) 중성지질

중성지질(triglyceride)은 1분자의 글리세롤의 수산기(-OH)에 3분자의 각종 지방산 분자의 카르복실기(-COOH)가 에스테르 결합하면서 3분자의 물이 빠져나온 것이다. 한 분자 글리세롤에 1분자 지방산이 결합한 모노글리세리드(monoglyceride), 2분자 지방산이 결합한 디글리세리드(diglyceride), 3분자 지방산이 결합한 트리글리세리드(triglyceride)로 구분한다. 대부분의 중성지질은 트리글리세리드의 형태로 존재하며 3분자 지방산의 종류가 각각 다른 혼합 트리글리세리드인 경우가 많다.

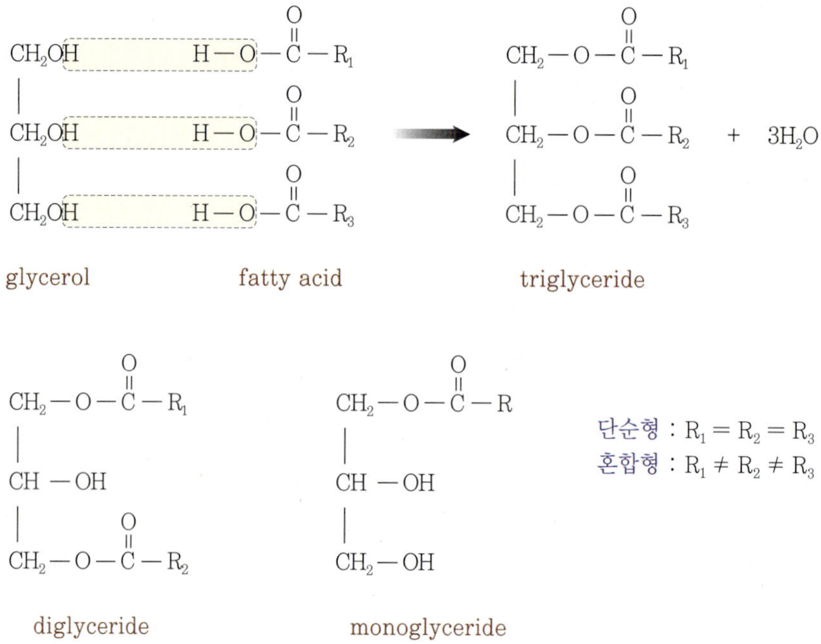


**그림 4-1** 중성지질의 형성

## 2) 지방산

식품 중에 함유된 지질을 구성하는 지방산은 1개의 카르복실기를 가진 산으로 약식으로 R-COOH로 표시한다. 일부 지질에서 예외적으로 탄소수가 홀수개인 것도 있으나 자연계에는 대부분 탄소수가 짝수개이고 가지가 없는 직쇄상이다.

### ① 지방산의 분류

지방산은 분자 내 이중결합의 유무에 따라 이중결합이 없는 포화지방산(saturated fatty acid)과 이중결합이 있는 불포화지방산(unsaturated fatty acid)으로 나뉜다. 또한 탄소수 4~6개의 짧은 사슬은 저급지방산, 8~12개는 중쇄지방산, 14개 이상의 긴 사슬은 고급지방산 등으로 구분한다. 영양학적으로는 필수지방산과 비필수지방산으로 분류한다.

### ② 포화지방산

자연계에 많이 존재하는 포화지방산은 탄소수가 4~30개인 지방산들이나 식품 중에 가장 많이 함유된 것은 팔미트산($C_{16}$)과 스테아르산($C_{18}$)이다. 포화지방산은 주로 버터, 쇠기름, 돼지기름 등 동물성 식품의 유지에 비교적 많이 함유되어 있다. 포화지방산의 탄소수가 증가할수록 물에 녹기 어렵고 녹는점도 높아진다. 야자유는 식물성 유지이지만 $C_{12}$,

$C_{14}$의 포화지방산은 물론 팔미트산($C_{16}$)과 스테아르산($C_{18}$)과 같은 고급포화지방산도 많이 함유한다.

**표 4-3** 주요 포화지방산

| 일반명 | 탄소 수 | 분자식 | 녹는점(℃) | 소재 |
|---|---|---|---|---|
| 부티르산(butyric acid) | $C_4$ | $CH_3(CH_2)_2COOH$ | −8.0 | 우유 |
| 카프로산(caproic acid) | $C_6$ | $CH_3(CH_2)_4COOH$ | −4.0 | 버터, 야자유 |
| 카프릴산(caprylic acid) | $C_8$ | $CH_3(CH_2)_6COOH$ | 16.0 | 버터, 야자유 |
| 카프릭산(capric acid) | $C_{10}$ | $CH_3(CH_2)_8COOH$ | 31.3 | 우유, 야자유 |
| 라우르산(lauric acid) | $C_{12}$ | $CH_3(CH_2)_{10}COOH$ | 43.5 | 야자유, 팜핵유 |
| 미리스트산(myristic acid) | $C_{14}$ | $CH_3(CH_2)_{12}COOH$ | 54.4 | 야자유, 팜핵유, 동식물성유 |
| 팔미트산(palmitic acid) | $C_{16}$ | $CH_3(CH_2)_{14}COOH$ | 62.9 | 동식물유지 일반, 특히 팜유 |
| 스테아르산(stearic acid) | $C_{18}$ | $CH_3(CH_2)_{16}COOH$ | 69.6 | 천연유지, 특히 우지 |
| 아라키드산(arachidic acid) | $C_{20}$ | $CH_3(CH_2)_{18}COOH$ | 75.4 | 동식물유지, 땅콩 |
| 베헨산(behenic acid) | $C_{22}$ | $CH_3(CH_2)_{20}COOH$ | 80.0 | 땅콩 |
| 리그노세린산(lignoceric acid) | $C_{24}$ | $CH_3(CH_2)_{22}COOH$ | 84.2 | 땅콩, 뇌 당 지질 |
| 세로틴산(cerotic acid) | $C_{26}$ | $CH_3(CH_2)_{24}COOH$ | 87.7 | 밀랍 |

### ③ 불포화지방산

불포화지방산은 분자 내에 한 개 이상의 이중결합을 갖는 지방산으로 대부분의 지방산은 이중결합수가 1~3개이며 이중결합 4개 이상의 지방산을 고도불포화지방산(poly unsaturated fatty acid, PUFA)이라 한다. 불포화지방산은 콩기름, 미강유, 옥수수유, 채종유 등 식물성 기름에 많이 함유되어 있으며 같은 탄소수의 포화지방산과 비교하여 융점이 낮아 상온에서 액상이다.

동식물에 널리 분포된 불포화지방산은 올레산($C_{18:1}$), 리놀레산($C_{18:2}$), 리놀렌산($C_{18:3}$)이다. 어유와 고래 기름에는 에이코사펜타엔산(EPA, $C_{20:5}$)과 도코사헥사엔산(DHA, $C_{22:6}$) 등의 다가불포화지방산도 많이 함유되어 있다. 불포화지방산의 이중결합 위치는 카르복실기의 탄소를 1번으로 하여 나타내나 이와는 달리 카르복실기의 반대 끝에 있는 메틸기의 탄소를 1번으로 할 때는 $\omega$로 이중결합의 위치를 나타낸다. 예를 들어 1번 메틸기의 탄소부터 3번째 탄소에서 이중결합이 있는 지방산을 $\omega$3계 지방산이라고 하며 리놀렌산, EPA,

DHA 등이 해당된다. ω6계 지방산으로는 리놀레산이 포함된다. 불포화지방산은 이중결합이 많을수록 산화되기 쉽고 불안정하며 특히 어유는 매우 산화되기 쉽다.

#### ④ 트랜스지방산

이중결합의 기하이성질체로 시스(cis)와 트랜스(trans)지방산으로 분류하며 천연의 불포화지방산은 대부분 불안정한 시스형이어서 안정한 트랜스형으로 이성화되기 쉽다. 트랜스지방산은 액체유지에 수소를 첨가하여 고체지방으로 만드는 경화과정에서 쉽게 생성되며 마가린, 쇼트닝 등이 대표적인 예이다. 트랜스지방은 튀김식품의 고소한 맛과 특유의 향미는 물론 바삭한 질감까지 부여하기 때문에 음식을 더욱 맛있게 한다. 그러나 트랜스지방이 심혈관계 질환의 발병률을 증가시킨다는 연구결과들이 발표됨에 따라 세계보건기구(WHO)에서는 성인의 하루 트랜스지방 섭취를 총칼로리의 1% 이내로 제한하고 있다. 국내에서도 2007년 12월부터 빵, 과자, 음료 등의 영양표시에 트랜스지방 함량을 의무적으로 표기하고 있다.

**표 4-4 주요 불포화지방산**

| 일반명 | 탄소수:이중결합수 (이중결합위치) | 분자식 | 녹는점(℃) | 소재 |
|---|---|---|---|---|
| 미리스트올레산 (myristoleic acid) | $C_{14:1}$ (Δ9) | $CH_3(CH_2)_3CH=CH(CH_2)_7COOH$ | −4.0 | 어유 고래 기름 |
| 팔미톨레산 (palmitoleic acid) | $C_{16:1}$ (Δ9) | $CH_3(CH_2)_5CH=CH(CH_2)_7COOH$ | 0.5 | 정어리유 청어유 |
| 올레산 (oleic acid) | $C_{18:1}$ (Δ9) | $CH_3(CH_2)_7CH=CH(CH_2)_7COOH$ | 13.0 | 동식물 유지 |
| 리놀레산 (linoleic acid) | $C_{18:2}$ (Δ9,12) | $CH_3(CH_2)_4(CH=CHCH_2)_2(CH_2)_6COOH$ | −5.0 | 식물유 반건성유 |
| 리놀렌산 (linolenic acid) | $C_{18:3}$ (Δ9,12,15) | $CH_3CH_2(CH=CHCH_2)_3(CH_2)_6COOH$ | −11.0 | 식물유 건성유 |
| 아라키돈산 (arachidonic acid) | $C_{20:4}$ (Δ5,8,11,14) | $CH_3(CH_2)_4(CH=CHCH_2)_4(CH_2)_2COOH$ | −49.5 | 간유 난황유 |
| 에이코사펜타엔산 (eicosapentaenoic acid, EPA) | $C_{20:5}$ (Δ5,8,11,14,17) | $CH_3CH_2(CH=CHCH_2)_5(CH_2)_2COOH$ | −54.0 | 어유 |
| 에루스산 (erucic acid) | $C_{22:1}$ (Δ13) | $CH_3(CH_2)_7CH=CH(CH_2)_{11}COOH$ | 34.7 | 채종유 (40~57%) |
| 도코사헥사엔산 (docosahexaenoic acid, DHA) | $C_{22:6}$ (Δ4,7,10,13,16,19) | $CH_3CH_2(CH=CHCH_2)_6(CH_2)COOH$ | −44.0 | 어유 |

> **필수지방산**
>
> 불포화지방산 중에서 리놀레산, 리놀렌산, 아라키돈산은 동물의 정신적인 성장과 건강 유지를 위하여 꼭 필요하지만 체내에서 합성되지 않거나 합성되는 양이 적어서 식사를 통하여 섭취해야 하므로 필수지방산(essential fatty acid, EFA)으로 불린다. 이들은 생체막의 중요한 구성성분이며 혈중 콜레스테롤 함량을 낮추는 작용을 갖는다.

#### 3) 왁스류

왁스(wax)는 고급지방산과 고급1가 알코올이 에스테르 결합한 것으로 인체 내에서 소화되지 않아 영양적 가치는 없다. 출처에 따라 동물성과 식물성 왁스로 구분하며 광택제나 공업용으로 사용된다.

식물의 잎과 과일 표피에 존재하는 식물성 왁스는 식물체의 외피를 보호하며 미생물의 침입을 막고 수분의 증발을 막아주는 역할을 한다. 옻나무 열매의 노란색 고체인 재팬 왁스는 옻칠을 하는 전통칠기 공예에 사용되는 도료의 성분으로 피막을 형성하여 윤기를 유지하게 한다. 카나우바 왁스(carnauba wax)는 *Copericana cerifera* 식물 중에 존재한다. 동물성 왁스로는 벌집의 밀랍(bees wax)과 고래 기름의 경랍(supermaceti wax), 양모 중의 라놀린(lanolin) 등이 있다.

### (2) 복합지질

단순지질에 인산, 당, 단백질 등이 결합한 것을 복합지질(compound lipid)이라 한다. 구성 물질에 따라 인지질(phospholipid)과 당지질(glycolipid)로 나눈다. 복합지질은 세포막 등의 구성성분이며 뇌, 심장, 난황, 대두 등에 많이 분포되어 있다.

#### 1) 인지질

인지질은 단순지질에 인산이 결합한 것으로 생물체 세포막의 주요 구성성분이다. 인지질은 분자 내에 친수성 원자단과 소수성 원자단이 함께 결합되어 있어 유화제로 식품산업에서 매우 중요하게 이용된다. 대표적으로 레시틴과 세팔린이 있다.

**① 레시틴**

레시틴(lecithin)은 글리세롤 한 분자에 지방산 두 분자와 인산 및 콜린이 결합된 화합물이다. 세포막의 구성성분이며 뇌와 신경, 동물조직, 난황, 대두 등에 많이 들어 있다. 레시틴은 분자 내에 친수성인 인산 및 콜린기와 소수성인 지방산기가 함께 있는 양성 물질로 유지와 물을 잘 분산시켜 유화액을 만든다. 따라서 레시틴은 식품의 유화제로 사용되어 마가린, 초콜릿, 아이스크림, 마요네즈 등에 널리 이용된다 그림 4-2 .

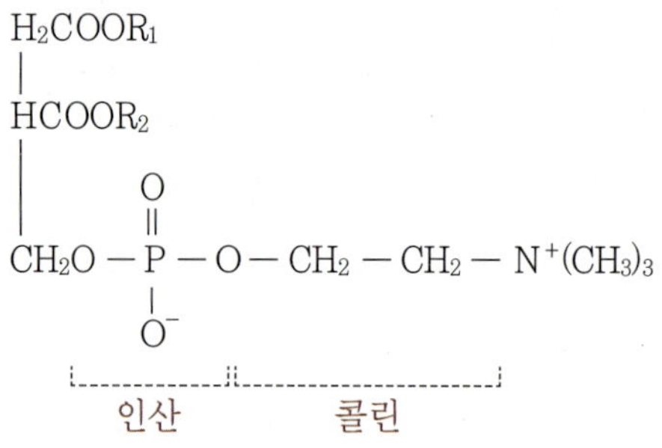


그림 4-2 **레시틴의 구조**

**② 세팔린**

세팔린(cephalin)은 레시틴과 비슷한데 레시틴의 콜린부분에 에탄올아민이 결합하거나 세린이 결합한 인지질이다. 레시틴과 함께 세포막을 구성하는 지질이며, 난황과 동물조직(뇌, 신경, 콩팥)에 다량 존재한다. 레시틴과 유사한 극성지질로 유화력이 있으나 레시틴보다는 약하다.

**③ 스핑고미엘린**

스핑고미엘린(sphingomyelin)은 글리세롤 대신 스핑고신을 가지는 화합물로 뇌와 신경조직에 당지질과 공존하며 레시틴처럼 유화력은 있으나 식품가공에는 이용되지 않는다.

### 2) 당지질

당지질(glycolipid)은 분자 내에 인산과 글리세롤이 없고, 지방산과 당질(주로 갈락토오스) 및 질소 화합물을 포함하는 복합지질로 뇌, 신경조직에 많으나 식물계에는 존재하지 않는다. 대표적인 당지질인 세레브로시드(cerebroside)는 한 분자의 지방산과 6탄당인 갈락토오스를 함유한 것으로 가수분해 되어 당이 떨어져 나가면 세라미드라고 한다. 강글리오시드(ganglioside)는 신경조직에 주로 존재하는 복잡한 화학구조의 당지질이다.

### 3) 지단백질

지단백질(lipoprotein)은 지질과 단백질을 함께 포함하고 있는 화합물로 중심에 트리글리세리드 및 콜레스테롤과 같은 지질이 있고 외부에 인지질과 단백질이 쌓여 있는 형태이다. 한 분자 내에 소수성 부분과 친수성 부분이 공존하는 유화력이 있는 지질로 주로 혈류와 림프를 통해 지질성분을 운반하는 역할을 하며 미토콘드리아, 소포체, 세포막 등의 구성성분이기도 하다. 지단백질은 밀도차이에 따라 카일로마이크론(chylomicron), 초저밀도 리포프로테인(very low density lipoprotein, VLDL), 저밀도 리포프로테인(low density lipoprotein, LDL), 고밀도 리포프로테인(high density lipoprotein, HDL) 등으로 분류되며 인지질, 중성지질, 콜레스테롤 등과 결합하여 이들을 운반한다 표 4-5 .

**표 4-5 지단백질의 밀도 및 조성**

| 지단백질 | 밀도(g/mL) | 함량(%) | | | |
|---|---|---|---|---|---|
| | | 단백질 | 인지질 | 콜레스테롤 | 중성지방 |
| 카일론마이크론 | 0.96 | 2 | 7.5 | 10 | 80 |
| 초저밀도 리포프로테인(VLDL) | 0.96~1.006 | 8 | 19 | 18 | 55 |
| 저밀도 리포프로테인(LDL) | 1.029~1.063 | 21 | 28 | 27 | 10 |
| 고밀도 리포프로테인(HDL) | 1.063~1.21 | 58 | 25 | 12 | 6 |

## (3) 유도지질

유도지질(derived lipid)은 지질의 작용기로부터 유도된 화합물의 총칭으로 단순지질과 복합지질을 가수분해할 때 얻어지는 유리지방산, 스테롤, 고급알코올류, 탄화수소, 지용성 비타민류, 색소 등이 포함된다.

### 1) 스테롤류

스테롤은 스테로이드핵을 갖는 환상구조의 고급알코올류의 화합물로 유지를 알칼리로 검화할 때 검화될 수 없는 불검화물이다. 스테롤에는 동물성스테롤인 콜레스테롤(cholesterol) 및 라노스테롤(lanosterol) 등과 식물성스테롤인 에르고스테롤(ergosterol), 베타-시토스테롤($\beta$-sitosterol), 스티그마스테롤(stigmasterol) 등이 있다.

동물성스테롤 중 콜레스테롤 그림 4-3 은 모든 동물세포의 세포막에서 발견되는 지질이며 혈액을 통해 운반된다. 난황, 간장, 버터, 어란, 성게, 새우, 오징어 등에 많으며 인체 내에서 생합성 되기도 한다. 신체 총 콜레스테롤의 2/3는 체세포에서 합성된 것이며 나머지 1/3은 식사로 섭취한 것이다. 콜레스테롤은 많은 생화학적 반응에 중요하지만 심혈관 질환과 밀접한 관련이 있다. 정상 성인의 경우 인체 혈액 내 콜레스테롤 함량은 200mg/dL 정도이고 240mg/dL 이상이면 위험수치로 간주한다.

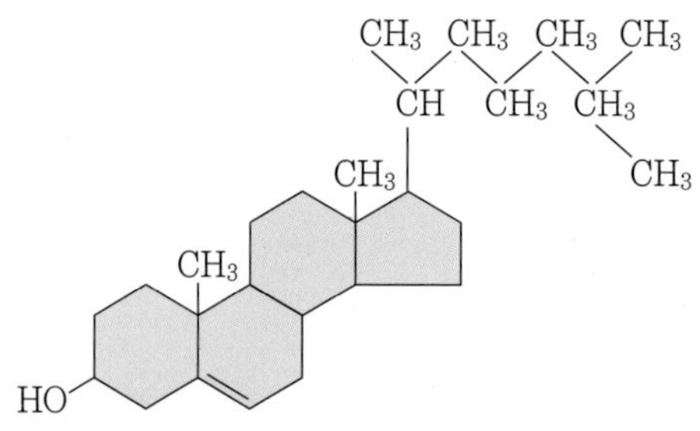

그림 4-3 **콜레스테롤의 구조**

식물성스테롤 중 에르고스테롤은 효모, 버섯류, 밀의 배아유, 옥수수유 등에 많고 스티그마스테롤은 쌀의 배아유, 옥수수기름, 콩기름, 팜유 등에 많이 존재한다. 에르고스테롤은 자외선을 조사하면 구조 내의 B환이 쉽게 열려 비타민 $D_2$(calciferol)로 전환되므로 프로비타민 D(provitamin D)로도 불린다 그림 4-4.

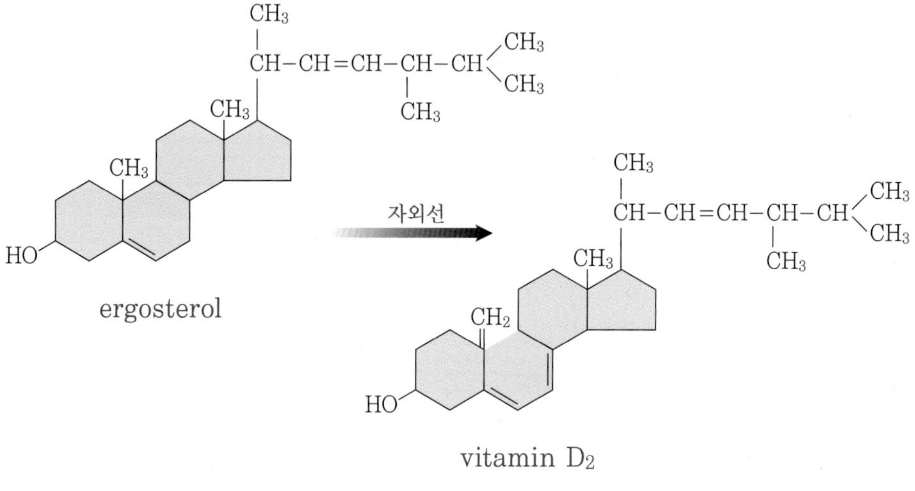

그림 4-4 **에르고스테롤의 자외선에 의한 비타민 $D_2$의 생성**

### 2) 탄화수소류

탄화수소류에는 스쿠알렌(squalene), 비타민 A, D, E, K 및 지용성 색소인 카로틴 색소가 있다. 스쿠알렌은 콜레스테롤의 생합성에 매우 중요한 전구 물질로 척추동물 및 식물체에서 합성되며 특히 심해 상어의 간, 올리브유 등에 많이 함유되어 있다.

# 2. 유지의 이화학적 성질

## (1) 물리적 성질

### 1) 비중

유지의 비중은 대개 0.91~0.99(15℃)의 범위에 있다. 일반적으로 불포화지방산이 많을수록 증가하고 지방산의 분자량이 클수록 감소하며 산화 · 중합될수록 증가하고 유리지방산이 많을수록 저하된다.

### 2) 점도

점도는 유지를 구성하는 지방산의 종류에 따라 차이가 있어 구성지방산의 탄소수가 증가할수록 점도가 커지며 불포화도가 커짐에 따라 점도는 감소된다. 튀김과 같이 유지를 고온가열하면 산화 · 중합되어 점도가 증가한다.

### 3) 융점

천연유지는 단일 화합물이 아니고 많은 종류의 지방분자들이 혼합되어 있기 때문에 일정한 고유의 녹는점을 나타내지 않는다. 일반적으로 동물성 유지처럼 포화지방산이 많으면 융점이 높아져 상온에서 고체이며 탄소수가 많을수록 융점이 높아진다. 반면에 식물성 기름처럼 불포화지방산이 많을수록 융점은 낮아지고 실온에서 액체이며 불포화도가 높을수록 융점이 낮아진다.

버터는 포화지방산은 많지만 저급 지방산(탄소수 4~6개)이 많아 다른 동물성 유지에 비하여 융점이 낮고 녹기 쉽다.

### 4) 동질이상현상

유지는 대부분 융점이 서로 다른 여러 종류의 트리글리세롤의 혼합물로 구성되어 있다. 고체 유지를 녹여 액체가 된 후 냉각하여 다시 고체 만들기를 반복하면 녹일 때마다 유지의 융점이 달라지는데 이는 냉각 후 고체로 굳어질 때마다 서로 다른 결정형을 나타내기 때문이다. 이와 같이 동일한 유지가 여러 종류의 결정형을 가지는 현상을 동질이상현상(polymorphism)이라 한다. 동질이상현상은 초콜릿 제조 시 조질(tempering) 공정에 적용되는 원리로 지방의 용융, 냉각 및 응고를 반복하면서 가장 안정한 결정 상태와 물성을 지니도록 하는 과정이다.

### 5) 발연점 · 인화점 · 연소점

유지를 가열하여 표면에 푸른 연기가 발생할 때의 온도를 발연점(smoke point)이라 한다. 이때 생기는 푸른 연기는 유지가 고온에서 분해하여 생성된 글리세롤이 계속 탈수되면서 생긴 아크롤레인(acrolein) 때문이다. 따라서 튀김을 할 때는 발연점이 높은 유지가 더 좋다. 유지의 발연점은 불포화도가 높을수록, 불순물이 많을수록, 가열시간이 길수록, 표면적이 클수록 낮아진다. 발연점 이상 계속 가열할 때 발생하는 증기가 공기와 섞여서 발화되는 온도를 인화점(flash point)이라 하고 이 연소가 계속적으로 지속되는 온도를 연소점(fire point)이라 한다.

### 6) 굴절률

유지의 굴절률(refractive index, RI)은 얇은 기름층에서 빛의 투과 속도에 대한 진공에서의 빛의 속도의 비를 나타낸 값으로 굴절계를 사용하여 신속하게 측정할 수 있다. 버터처럼 저급지방산이 많은 유지는 굴절률이 낮고, 불포화지방산의 함량이 높은 아마인유나 채종유는 굴절률이 높다. 탄소수 및 불포화지방산이 증가할수록 굴절률이 증가하며 유지의 가열 산화에 의하여 굴절률은 커지므로 식용유지의 품질 평가에 이용된다. 일반적으로 식용유지의 굴절률은 1.42~1.48 정도이다.

## (2) 화학적 성질

### 1) 검화가

유지는 알칼리 용액(KOH, NaOH 등)에 존재하며 가열하면 가수분해 되어 글리세롤과 지방산의 염인 비누를 형성한다. 이를 검화 또는 비누화 반응이라 한다 그림 4-5. 검화가(saponification value)는 유지 1g을 완전히 검화하는 데 소요되는 KOH의 mg 수로 정의한다. 보통 유지의 검화가는 180~200 정도이며 사슬 길이가 짧고 분자량이 적을수록 검화가는 커진다.

| | | | | | | |
|---|---|---|---|---|---|---|
| RCO OCH$_2$ | | H ONa | | RCOONa | | HOCH$_2$ |
| RCO OCH | + | H ONa | → | RCOONa | + | HOCH |
| RCO OCH$_2$ | | H ONa | | RCOONa | | HOCH$_2$ |
| 글리세리드 | | 가성소다 | | 지방산나트륨염 (비누) | | 글리세린 |

**그림 4-5** 유지의 비누화 반응

## 2) 산가

신선한 유지는 중성지방에 에스테르 결합 형태로 존재하므로 유리지방산의 함량이 매우 낮으나 유지를 가열 또는 저장하면 가수분해 되어 유리지방산의 형태가 된다. 산가(acid value)는 유지 1g에 함유된 유리지방산을 중화하는 데 필요한 KOH의 mg 수로 정의한다.

$$RCOOH + KOH \rightarrow R\text{-}COOK + H_2O$$

대체로 식용유지의 산가는 1.0 이하를 보이나 유지의 종류에 따라 다르다. 산가는 튀김 기름과 같은 유지의 품질을 나타내는 척도로 이용되며 산가가 높으면 산패가 많이 된 유지로 판단할 수 있다.

## 3) 요오드가

불포화지방산의 이중결합 부위는 수소이온 또는 할로겐 원소에 의해 쉽게 부가 반응을 일으킨다. 유지 100g에 첨가되는 요오드($I_2$)의 g수를 요오드가(iodine value)라 하며 요오드가는 유지의 불포화도를 측정하는 데 이용된다. 요오드가가 높은 유지는 일반적으로 산화가 잘 되고 식물성 유지는 불포화지방산이 많으므로 요오드가가 높다.

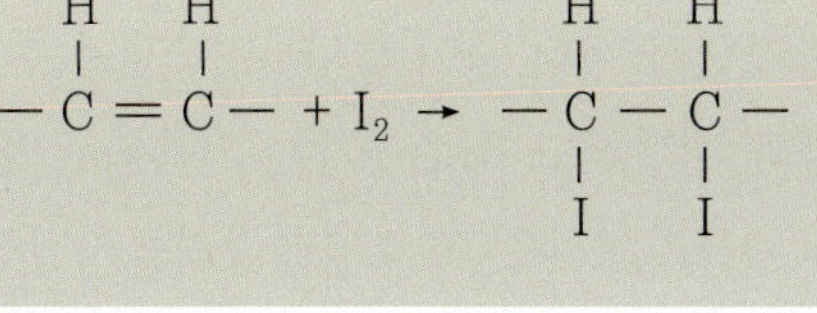

식용유지를 요오드가에 따라 건성유, 반건성유 및 불건성유로 분류하기도 하는데 건성유는 요오드가 130 이상이며 해바라기씨유, 호두유, 들깨유 등이고 반건성유는 요오드가가 100~130 사이이며 면실유, 옥수수유, 참기름, 대두유 등이 있다. 불건성유는 요오드가가 100 이하인 것으로 올리브유, 팜유, 돼지기름, 쇠기름 등이 속한다.

### 4) 아세틸가

아세틸가는 유지 속에 존재하는 수산기(-OH)를 가진 지방산의 함량을 나타내는 척도이다. 유지에 무수초산을 첨가하여 아세틸화한 유지를 다시 가수분해하여 초산을 생성시킨 후 이를 중화하는 데 필요한 KOH의 mg 수로 표시한다.

### 5) 폴렌스케가와 라이헤르트 - 마이슬가

유지에 함유된 휘발성 지방산 함량을 검사하기 위한 방법으로 불용성인 휘발성 지방산은 폴렌스케가, 수용성인 휘발성 지방산 검사는 라이헤르트-마이슬가로 검사한다.

폴렌스케가(Polenske)는 유지 5g 중의 불용성 · 휘발성 지방산($C_8$~$C_{14}$)을 중화하는 데 필요한 0.1N KOH의 mL수로 표시하며 야자유나 코코넛유의 검사에 주로 이용한다.

라이헤르트-마이슬가(Reichert-Meissl)는 유지 5g 중의 수용성 · 휘발성 지방산($C_2$~$C_6$)을 중화하는 데 필요한 0.1N KOH의 mL수로 표시하고, 주로 버터의 위조 여부와 유지방 함유식품에서의 함량 검사에 이용된다.

### 6) 헤에너가

헤에너가(Hehner)는 유지에 있는 물에 불용인 지방산의 함량을 퍼센트 비율(%)로 나타낸 것으로 불용성 지방산과 불검화물의 함량을 나타내는 척도이다.

## (3) 유화

유화(emulsification)란 미세한 입자로 된 한 액체가 다른 액체 속에 분산된 상태를 말하며 유화를 지속시켜주는 물질을 유화제라 한다. 유화액을 두 가지 종류로 나눌 수 있는데, 물 속에 기름입자가 분산된 형태를 수중유적형(oil in water, o/w)이라 하고 기름 속에 물이 분산된 형태를 유중수적형(water in oil, w/o)이라 한다. 수중유적형의 식품에 우유와 마요네즈가 있고, 유중수적형에는 마가린과 버터 등이 있다. 유화제는 친수성기와 소수성기를 동시에 가지고 있어 친수성기는 물과 결합하고 소수성기는 기름과 결합한다. 천연유화제로는 레시틴이 대표적이며 그 외에 모노글리세리드, 프로필렌글리콜지방산에스테르 등 다수가 있다.

### (4) 경화유

경화(hardening)란 불포화지방산의 이중결합에 수소를 첨가하여 포화지방산으로 변환한 것으로 수소첨가(hydrogenation)라고도 한다. 어유나 식물성유를 원료로 하여 니켈을 촉매로 하여 수소를 첨가한다. 경화된 유지는 여러 가지 특성이 변한다. 융점이 상승하여 액체기름이 고체지방으로 바뀌고 트랜스지방산이 많이 생성되며, 어유의 경우 냄새도 제거될 수 있다. 마가린, 쇼트닝 등이 대표적인 경화유이다.

## 3. 유지의 산패와 자동산화

유지나 지방을 다량 함유한 식품이 산소를 흡수하여 산화되거나 알칼리나 효소에 의하여 가수분해가 일어나는 것과 같이 품질이 저하되는 것을 산패(rancidity)라고 한다. 산패된 지질은 맛, 색, 냄새 등이 변화되고 점도가 증가하기도 하며 독성 물질이 생성되기도 한다.

### (1) 산패의 종류

지질의 산화는 크게 상온 부근에서 일어나는 자동산화와 조리시의 고온에서 일어나는 가열산화로 대별되지만 다음과 같이 산화적 산패와 비산화적 산패로 구분한다.

**표 4-6** 산화적 산패와 비산화적 산패

| | | |
|---|---|---|
| 산화적 산패 | 자동산화 | • 일반적인 산패<br>• 상온에서 일어나는 자동산화<br>• 광선이나 금속이온의 존재 하에 산소와 결합 후 과산화물 생성<br>• 자유라디칼에 의한 연쇄 반응으로 진행 |
| | 가열산화 | • 공기 존재 하에 140~200℃로 가열 시 일어남<br>• 자동산화보다 매우 빠른 속도로 진행<br>• 유리지방산이 생성되고 중합 반응이 일어나 점성 증가 |
| | 효소산화 | • 리폭시다제에 의한 산화<br>• 곡류, 콩류 등의 식물체에 광범위하게 분포 |
| 비산화적 산패 | 가수분해형 산패 | • 물 · 산 · 알칼리 · 가수분해효소 등에 의함<br>• 트리글리세리드가 글리세롤과 유리지방산으로 가수분해<br>• 불쾌한 냄새나 맛을 형성하여 유지 변질 |
| | 케톤생성형 산패 | • 저급지방산을 함유한 유지에서 미생물의 작용으로 케톤 생성<br>• 이취 발생 |

## (2) 유지의 자동산화

### 1) 유도기간

유지는 상온에서 대기 중 산소에 의하여 자연발생적으로 산화가 진행되므로 자동산화(autoxidation)라 부른다. 산소의 흡수 속도는 처음 일정기간 동안은 매우 느린 속도로 일어나지만 그 기간이 지나면 급진적으로 산소를 흡수하게 된다. 이때 산소의 흡수 속도가 급격히 증가하는 시점까지를 유도기간(induction period)이라 하며 유도기간 중의 유지는 매우 안정한 상태이다.

그러나 유도기간이 지난 후에는 그림 4-6 에 다음과 같이 산소의 흡수량이 급격히 증가하고(a) 자동산화의 최종산화물인 각종 카르보닐 화합물들의 생성량도 증가하며(c) 중합체들의 형성으로 점도가 높아진다(d). 그러나 자동산화의 일차생성물인 과산화물은 자동산화가 진행됨에 따라 생성량이 증가하다가 후반기에는 오히려 분해량이 더 많아져 점차 감소하는 특징을 보인다(b).

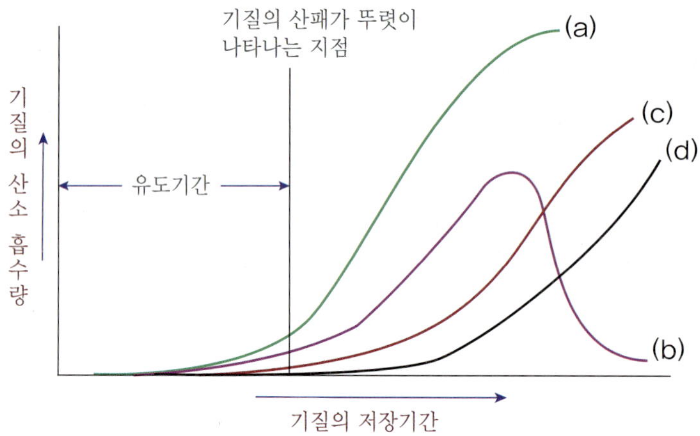


a. 산소의 흡수량($O_2$, uptake)
b. 과산화물(peroxide)의 생성량
c. 최종 산화생성물인 카르보닐 화합물생성량
d. 점도(viscosity)의 증가

그림 4-6 **유지의 유도기간**

### 2) 자동산화의 기작

유지의 자동산화는 자유라디칼 반응으로 시작하여 3단계의 반응으로 나누어 볼 수 있으며 자동산화로 인해 유지에는 물리적, 화학적 변화가 나타나고 맛이 변하며 풍미가 저하되는 등 품질이 떨어지게 된다.

**① 개시 단계**

유지의 자동산화는 가열 · 광 · 화학 · 기계적 에너지 등과 금속이온 등의 존재 하에 불포화지방산의 이중결합 옆의 메틸렌기($-CH_2-$)의 수소가 떨어져 나가고 자유라디칼(R•)이 생성되면서 시작된다. 개시 단계(initiation step)에서는 기하급수적으로 다양한 종류의 라디칼(•OH, RO• 등)이 많이 형성되며 이러한 라디칼들은 반응성이 매우 강하다.

**② 전파(연쇄) 단계**

생성된 라디칼은 공기 중의 산소와 결합하여 과산화라디칼(peroxy radical)을 형성하고 이는 계속하여 다른 유지분자로부터 수소를 떼어내 하이드로퍼옥사이드(hydroperoxide)와 유리라디칼을 또 만들어내며 이러한 반응은 연속적으로 계속된다. 이러한 일련의 반응을 연쇄 반응(chain reaction) 또는 전파 반응(propagation step)이라고 하며 지방산의 대부분의 이중결합이 거의 없어질 때까지 반복적으로 계속되고 자동산화 초기에는 과산화물이 축적되는 특징이 있다. 과산화물은 생성되면 바로 분해되어 탄소수가 적은 각종 휘발성 화합물들을 형성하여 자동산화 시 나타나는 바람직하지 못한 냄새를 형성한다. 따라서 자동산화 후기에는 과산화물은 감소되고 휘발성 카르보닐 화합물들이 증가한다.

**③ 최종 단계**

전파 단계에서 생성된 각종 라디칼과 중간 산화물들이 서로 결합하여 이중체, 삼중체 등의 중합체를 생성하며 이들 고분자의 형성으로 색이 검게 변하고 점성이 증가한다. 이 중합체는 라디칼이 아니므로 반응성이 상실되어 연쇄 반응이 종결되고 이를 최종 단계(termination step)라 한다.

1. 개시 단계(initiation reaction)

$$R:R' \longrightarrow R\cdot + R'\cdot$$

$$M\cdot + R:H \longrightarrow M:H + R\cdot$$

$$ROOH \longrightarrow RO\cdot + \cdot CH$$

$$HR\cdot + R'\cdot \longrightarrow RH + R'\cdot$$

2. 전파 단계(chain reaction)

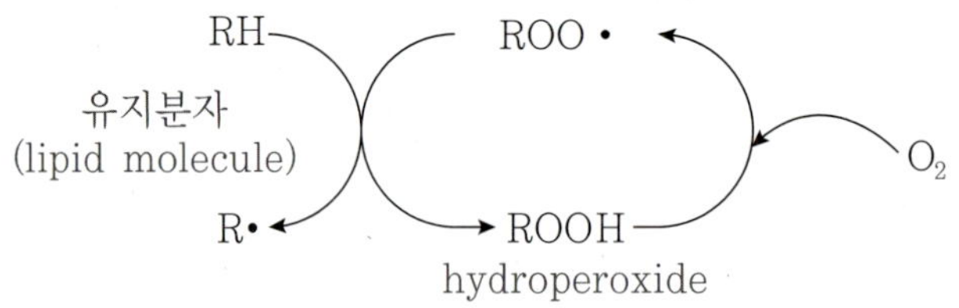


3. 최종 단계(termination reaction)

$$R + R' \longrightarrow R:R'$$

$$R\text{-}O\text{-}O + R' \longrightarrow ROOR'$$

그림 4-7 유지의 자동산화

## 3) 산패에 영향을 미치는 인자

### ① 유지의 불포화도

이중결합을 가지는 불포화지방산은 포화지방산보다 훨씬 산화되기 쉬우며 이중결합의 수가 많아질수록 산화 속도도 증가한다. 또한 시스형 지방산은 트랜스형 지방산보다 쉽게 산화된다.

### ② 광선

유지에 광선을 조사하면 자유라디칼의 생성을 촉진시켜 유도기를 단축하고 과산화물의 분해를 촉진하여 유지의 산화가 빨라진다.

### ③ 온도

유지의 산화 속도는 온도가 상승함에 따라 증가한다.

④ **수분**

일반적으로 산화 속도는 수분활성도가 증가할수록 증가하는 것이 원칙이나 수분함량이 아주 낮은 건조식품에서의 자동산화는 매우 빨리 일어난다. 그러나 단일 분자층을 형성할 수 있을 정도의 수분이 존재하면 오히려 유지와 산소와의 접촉이 차단되어 산화가 억제되는 효과가 있다.

⑤ **산소의 농도**

산소가 충분하면 산화 속도는 산소 농도와 무관하다. 그러나 산소 농도가 아주 낮으면 산화 속도는 산소의 농도에 비례한다.

⑥ **효소**

지질 가수분해효소인 리파아제, 에스테라제, 포스포리파제 등의 작용에 의해 유리지방산이 형성되어 유지의 자동산화가 촉진된다.

⑦ **중금속**

코발트, 구리, 철, 망간, 니켈 등과 같은 중금속은 자동산화 중 생성된 과산화물의 분해를 촉진시키고 유리라디칼을 발생하여 산화의 연쇄 반응을 촉진한다.

⑧ **헤마틴 화합물**

헤모글로빈, 미오글로빈, 시토크롬 등의 헤마틴 화합물들은 유지의 산화를 촉진한다.

## (3) 유지의 가열산화

튀김과 같이 유지가 140~200℃의 높은 온도에서 가열되어 일어나는 산화를 가열산화라고 한다. 가열산화는 매우 빠르게 진행되며 자동산화 외에도 매우 복잡한 변화가 일어나 식품의 향미, 외관, 영양가, 독성 등에 영향을 준다. 유지의 점도, 비중, 굴절률, 산가, 과산화물가는 증가하고 요오드가는 감소하며 발연점이 낮아진다.

### 1) 유리지방산의 생성

유지의 고온 가열 시 유지가 가수분해 되거나 열분해 되어 유리지방산과 글리세롤을 생성한다. 유리지방산은 발연점을 저하시키고 산패를 급증시켜 유지의 안정성을 저하시키며 글리세롤은 더욱 분해되어 아크롤레인을 생성한다.

### 2) 중합 반응

유지의 가열산화 시 중합 반응이 일어나 이중체, 삼중체 또는 그 이상의 중합체를 형성하며 두 분자의 부가 반응으로 환상의 중합체가 생성되기도 한다.

### 3) 점성증가 및 발포현상

중합 반응으로 고분자의 산화 · 중합체가 형성되어 점성이 증가하고 오래 사용한 튀김기름에서와 같이 기름 표면에 잔거품이 지속적으로 형성된다.

## (4) 변향

콩기름이나 리놀레산을 함유한 유지에서 일어나는 독특한 현상이다. 대두유 제조 시 탈취 등의 정제과정으로 풀냄새나 콩 비린내를 제거하였음에도 불구하고 저장 후 얼마 지나면 다시 원래 상태의 냄새가 난다. 이와 같은 냄새는 산패가 일어나기 전에도 나타나므로 산패와는 구별되며 정제 전의 냄새로 복귀한다는 의미로 변향(flavor reversion)이라 부른다.

## (5) 항산화제

항산화제(antioxidant)는 유지의 산화 속도를 억제하는 물질로서 산화방지제라고도 한다. 항산화제는 자동산화의 개시 단계에서 유리라디칼의 생성을 저해하거나 전파를 막아서 자동산화를 중지 또는 지연시키는 것이다. 즉, 연쇄 반응에 참여하고 있는 각종 활성 유리라디칼에 자신의 수소원자를 내주어 안정한 화합물을 만들고 항산화제 자신은 유리라디칼(A•)이 되어 항산화 능력이 없어진다. 이때 상승제가 존재하면 이로부터 수소를 받아 항산화능력을 되찾을 수 있다.

| | |
|---|---|
| **전파 단계** | ROO• + R′H → ROOH + R′• |
| **항산화제(AH) 존재시** | ROO• + AH → ROOH + A• |

한편 자신은 항산화력을 갖지 않지만 다른 항산화제와 병행하여 사용하면 항산화력을 증가시키는 물질을 상승제(synergist)라 한다. 상승제에는 구연산, 인산, 주석산, 사과산, 비타민 C 등이 있다.

**표 4-7 항산화제의 종류**

| | |
|---|---|
| 천연항산화제 | • 토코페롤(tocopherol, 종자유)<br>• 고시폴(gossypol, 목화씨)<br>• 폴리페놀 화합물<br>• 로즈마리, 세이지, 계피, 정향 등의 허브류<br>• 세사몰(sesamol, 참기름)<br>• 레시틴(lecithin, 두류)<br>• 플라보노이드(flavonoid) |
| 합성항산화제 | • 부틸히드록시아니솔(butylated hydroxy anisole, BHA)<br>• 부틸히드록시톨루엔(butylated hydroxy toluene, BHT)<br>• 프로필 갈레이트(propyl gallate, PG)<br>• 부틸히드로퀴논(tertiary butyl hydro quinone, TBHQ)<br>• 에틸렌디아민사초산(ethylene diamine tetra acetate, EDTA) |

## (6) 유지의 산패도 측정 방법

유지의 산패 정도 측정은 산화 중 여러 가지 물리적 · 화학적 반응이 관여하여 매우 복잡하다. 산패 측정은 1차적으로 유지에 흡수된 산소나 산화물의 양을 측정하여 판단할 수 있고 2차적으로 과산화물의 분해산물을 측정하여 판정할 수 있다.

**표 4-8 산패도 측정방법**

| 산패도 측정법 | 목적 | 측정방법 | 비고 |
|---|---|---|---|
| 과산화물가 (peroxide value, POV) | 과산화물의 생성량 측정 | • 유지 1kg 중 생성된 과산화물의 mg 당량수<br>• 산화된 유지와 KI를 반응시켜 생성된 $I_2$를 $Na_2S_2O_3$로 측정 | • 산화 중 최고값에 도달 후 감소하여 산패한지 오래된 유지는 오히려 낮게 측정됨<br>• 과산화물가 10 이하이면 신선한 기름 |
| TBA가 (thiobarbituric acid value) | 이차산화생성물인 말론알데히드의 양을 측정 | TBA시약과 말론알데히드가 반응하여 생성되는 적색 색소를 비색정량(530nm) | • 산화진행에 따라 계속 증가<br>• 관능평가에 의한 향미 값과도 잘 일치함 |
| 카르보닐가 (carbonyl value) | 카르보닐 화합물의 생성량을 측정 | 최종생성되는 알데히드나 케톤 화합물이 2,4-dinitrophenyl hydrazine과 반응하여 생성되는 적색 색소를 비색정량 | |
| 활성산소법 (active oxygen method, AOM법) | 유지 산패의 신속 측정법 | 유지를 97℃의 물중탕에서 공기를 불어넣어 산패를 촉진시켜 유지의 과산화물가를 측정함 | 유지의 산패 유도기간 측정 |
| 랜시매트법 (rancimat method) | 유지 산패의 신속 측정법 | 유지를 100℃로 유지하고 AOM법과 같이 공기를 주입시키면서 생성되는 산화 생성물을 전기전도도로 측정 | 유지의 산패 유도기간 측정 |

CHAPTER

# 05

# 단백질

단백질은 생물체의 생명유지에 중요한 성분으로서 탄수화물, 지방과 함께 동·식물체의 기능을 수행하는 물질로서 세포의 주요 구성성분으로 생리기능을 영위하는데 중요한 역할을 하는 효소, 호르몬, 항체, 저장단백질을 구성하는 성분이다.

단백질은 20여 종의 아미노산(amino acid)이 펩타이드(peptide) 결합으로 이루어진 화합물로서 아미노산의 종류와 수, 배열 순서에 따라 여러 종류의 단백질이 생성된다. 단백질 구성원소는 탄소, 수소, 산소, 질소 및 유황이다. 일반적으로 단백질은 다른 거대 분자인 탄수화물, 지질과 달리 분자 내에 약 16%의 질소를 함유하고 있다. 식품 중의 단백질은 단백질을 분해하여 생기는 질소의 양에 6.25(100/16)를 곱하여 조단백질의 함량을 구한다. 이 6.25를 단백질의 질소 계수라고 하며, 질소 계수는 식품을 조성하고 있는 질소의 함량에 따라 다소 차이가 있다.

단백질은 모든 식품에 함유되어 있으나, 특히 동물성 식품에 양질의 아미노산이 많이 함유되어 있다. 식품 중의 단백질은 체내에서 아미노산으로 가수분해 되어 흡수된 다음 우리 몸에서 필요한 체내 단백질로 다시 합성된다.

## 1. 아미노산

아미노산(amino acid)은 단백질을 구성하고 있는 기본 단위이며 단백질을 구성하는 기본 단위에는 20여 종의 아미노산이 있다. 아미노산 한 분자 내에는 한 개 또는 그 이상의 아미노기(amino기, $-NH_2$)와 한 개 또는 그 이상의 카르복실기(carboxyl기, -COOH)를 가지고 있으며 아미노산은 단백질을 가수분해하여 얻는다.

아미노산은 아미노기가 결합하고 있는 탄소의 위치에 따라 $\alpha$-아미노산과 $\beta$-아미노산으로 분류한다. $\alpha$-아미노산은 아미노산 내 카르복실기(-COOH)에 이웃한 $\alpha$-탄소에 아미노기가 결합한 아미노산이며, $\beta$-아미노산은 $\beta$-탄소에 아미노기가 결합한 아미노산이다 그림 5-1.

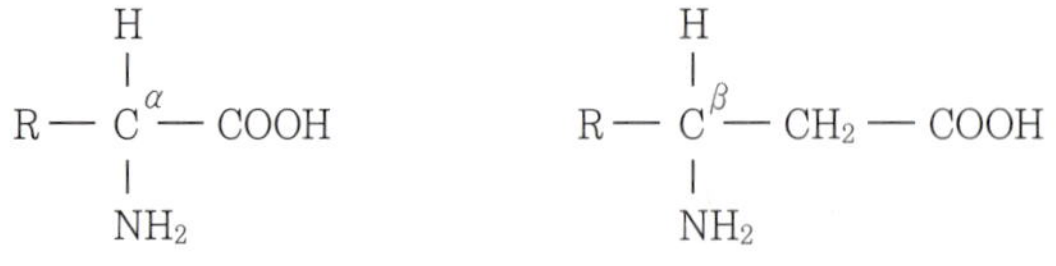

$\alpha$-amino acid　　$\beta$-amino acid

그림 5-1 **탄소 위치에 따른 아미노산의 분류**

글리신(glycine)을 제외한 $\alpha$-아미노산은 비대칭 탄소원자를 가지고 있으므로 광학적 성질을 가지고 있어서 L-형과 D-형의 두 이성질체가 존재한다. 각종 식품에 함유되어 있는 유리 아미노산이나 자연 단백질을 구성하고 있는 아미노산은 L-$\alpha$-아미노산들이다 그림 5-2.

L-$\alpha$-amino acid　　D-$\alpha$-amino acid

그림 5-2 **L-형과 D-형의 아미노산**

## (1) 아미노산의 종류

아미노산을 구성하고 있는 아미노기와 카르복실기의 수에 따라 중성 아미노산, 산성 아미노산, 염기성 아미노산으로 분류한다. 아미노산 분자 중에서 아미노기와 카르복실기를 각각 하나씩 갖는 아미노산을 중성 아미노산(neutral amino acid)이라 하고, 곁사슬에 제2의 카르복실기를 갖는 것을 산성 아미노산(acidic amino acid)이라 한다. 또한 제2의 아미노기를 비롯하여 다른 염기성기 등을 갖는 것을 염기성 아미노산(basic amino acid)이라고 한다.

지방족 사슬을 갖는 아미노산들을 지방족 아미노산(aliphatic amino acid)이라 하고, 방향족 고리를 갖는 것들은 방향족 아미노산(aromatic amino acid)이라고 하며, 헤테로고리를 갖는 것들을 복소환식 아미노산(heterocyclic amino acid)이라고 부른다. 이 밖에 황을 함유한 아미노산을 함황 아미노산이라 부른다.

**표 5-1** 아미노산의 종류

| | 종류 | 약자 | 구조 | 비고 |
|---|---|---|---|---|
| 중성 아미노산 | 알라닌 (alanine) | Ala. | 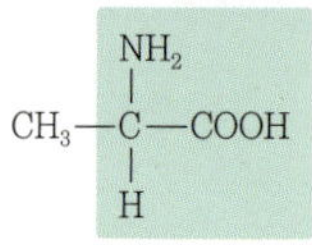 | • 체내에서 합성됨<br>• 대부분 단백질에 함유<br>• 3대 영양소의 상호 대사작용에 관여 |
| | 글리신 (glycine) | Gly. | 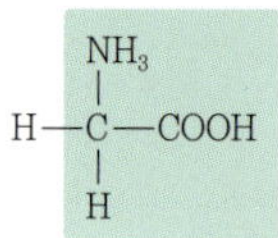 | • 제일 먼저 발견됨<br>• 젤라틴(gelatin), 피브로인(fibroin)<br>• 동물성 단백질에 존재<br>• 분자량이 가장 작은 아미노산이다 |
| | 루신 (leucine) | Leu. | 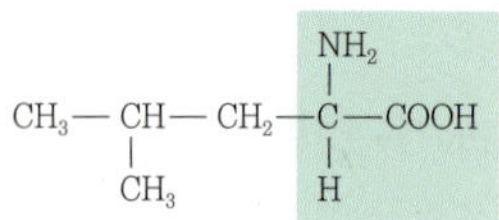 | • 체내에서 합성 안됨<br>• 필수 아미노산<br>• 대부분 단백질에 함유<br>• 우유, 치즈에 함유 |
| | 발린 (valine) | Val. | 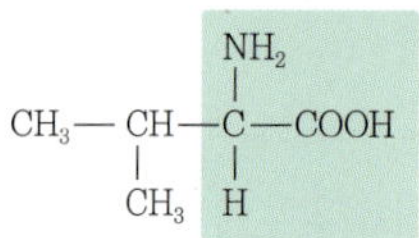 | • 체내에서 합성되지 않음<br>• 필수 아미노산<br>• 대부분 단백질에 함유<br>• 우유단백질(casein)에 8% 정도 함유 |
| | 세린 (serine) | Ser. | 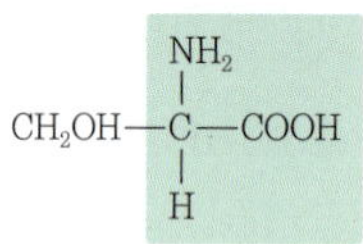 | • 체내 합성 가능<br>• 카제인, 난황단백질에 함유 |
| | 이소루신 (isoleucine) | Ile. | 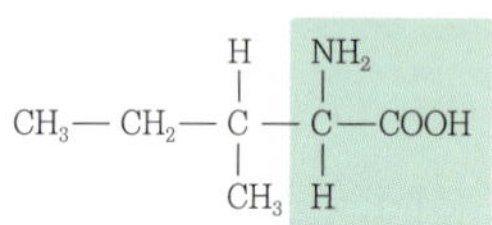 | • 필수 아미노산<br>• 효모작용에서 아실알코올이 되어 퓨젤유(fusel oil)의 주성분으로 변화 |
| | 아스파라긴 (asparagine) | Asn. | 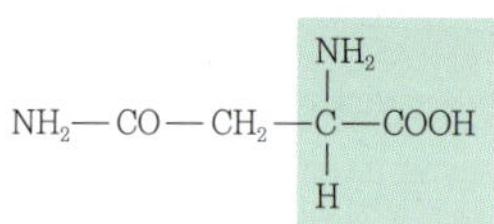 | • 가수분해 되어 아스파르트산과 $NH_3$가 생성<br>• 단맛이 난다<br>• 감자, 아스파라거스, 사탕무, 두류 등이 발아할 때 많다 |
| | 트레오닌 (threonine) | Thr. | 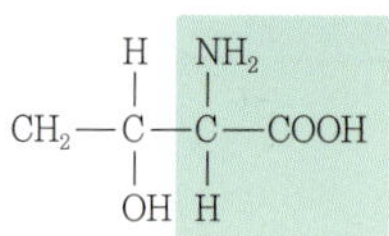 | • 필수 아미노산<br>• 혈액의 피브리노겐(fibrinogen)에 많이 존재한다 |

| | | | | |
|---|---|---|---|---|
| 산성 아미노산 | 글루탐산 (glutamic acid) | Glu. | 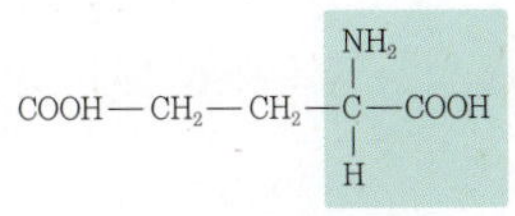 | • 식물성 단백질에 함유<br>• 채소 속에 존재하는 Na-글루탐산(MSG)은 조미료의 주성분이다 |
| | 아스파르트산 (aspartic acid) | Asp. | 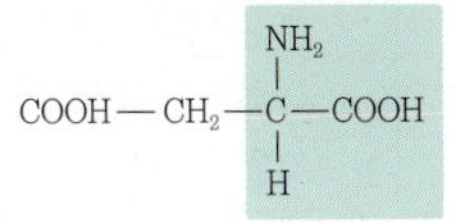 | • 글로블린, 카제인 등 대부분의 단백질에 분포 |
| | 글루타민 (glutamine) | Gln. | 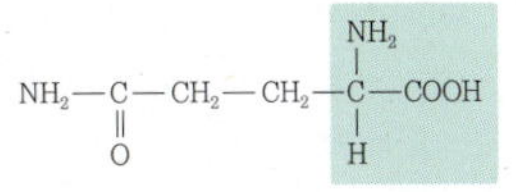 | • 식물성 식품에 함유<br>• 포유동물의 혈액에 함유 |
| 염기성 아미노산 | 아르기닌 (arginine) | Arg. | 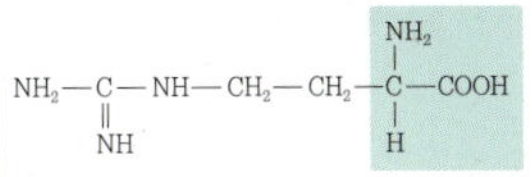 | • 생선단백질에 함유<br>• 분해효소인 아르기나아제에 의해 효소와 오르니틴이 생성 |
| | 리신 (lysine) | Lys. | 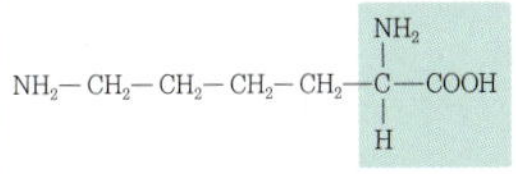 | • 필수 아미노산<br>• 동물의 성장에 관여<br>• 동물성 단백질에 함유되어 있으며 식물성 단백질에는 부족하다<br>• 곡류를 주식으로 하는 경우 결핍이 우려됨 |
| | 히스티딘 (histidine) | His. | 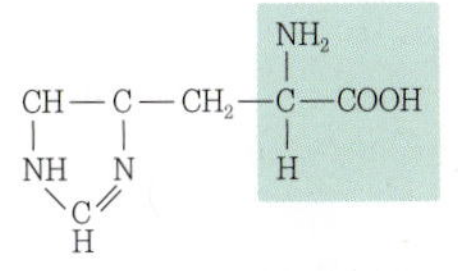 | • 필수 아미노산<br>• 부패성 세균에 의해 히스타민 생성<br>• 혈색소와 프로타민에 많이 함유 |
| 함황 아미노산 | 시스틴 (cystine) | Cys-Cys | 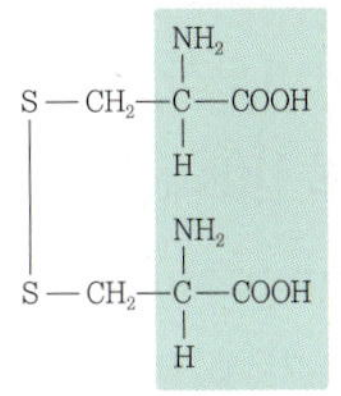 | • 체내에서 메티오닌이나 시스테인으로부터 만들어짐<br>• 손톱, 뿔, 머리카락 등 케라틴에 함유<br>• 산화와 환원의 평행유지에 관여 |
| | 시스테인 (cysteine) | Cys. | 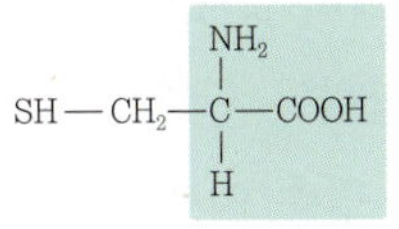 | • -SH기가 2개 연결되어 시스틴으로 됨<br>• 체내의 산화 · 환원작용에 중요한 작용 |
| | 메티오닌 (methionine) | Met. | 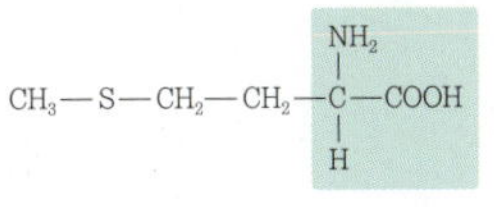 | • 필수 아미노산<br>• 혈청알부민이나 우유의 카제인에 많음<br>• 체내에 부족할 경우 시스틴 대용 가능 |

| 방향족 아미노산 | 티로신 (tyrosine) | Tyr. | 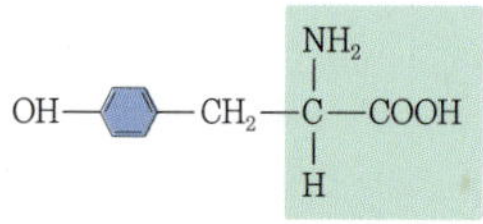 | • 체내에서 페닐알라닌의 산화로 생성.<br>• 티로시나아제가 작용하여 멜라닌을 생성 |
|---|---|---|---|---|
| | 페닐알라닌 (phenyl-alanine) | Phe. | 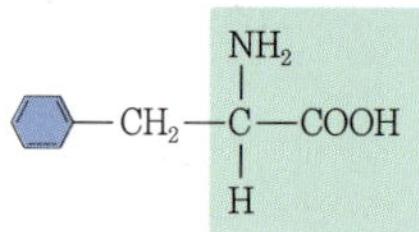 | • 필수 아미노산<br>• 환상 아미노산의 일종<br>• 대부분 단백질에 존재하며 헤모글로빈이나 오브알부민에 함유<br>• 체내에서 티로신의 합성에 모체가 됨 |
| 기타 아미노산 | 프롤린 (proline) | Pro. | 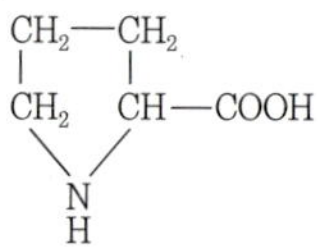 | • 이미노기(imino group)를 가지고 있음<br>• 콜라겐과 같은 연골조직이나 프롤라민, 젤라틴, 카제인에 함유 |
| | 트립토판 (tryptophan) | Trp. | 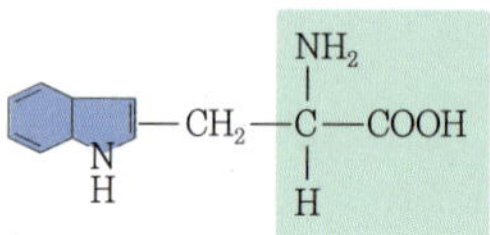 | • 필수 아미노산<br>• 인돌 핵<br>• 체내에서 니아신으로 전환될 수 있어 펠라그라 예방<br>• 효모, 견과류, 어류, 종자, 가금류 등에 함유 |
| | 히드록시 프롤린 (hydroxy-proline) | Hyp. | 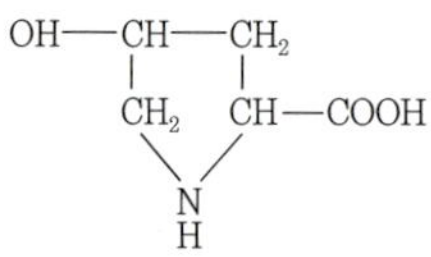 | • 동물의 중요한 구조단백질인 콜라겐의 약 12% 이상 차지하는 아미노산 |

## (2) 필수 아미노산

단백질을 구성하는 아미노산 중에서 인체 내에서 합성할 수 없거나, 합성하는 양이 적기 때문에 식품으로부터 섭취하지 않으면 안 되는 아미노산을 필수 아미노산(essential amino acid)이라고 한다. 성인의 경우 발린(valine), 루신(leucine), 이소루신(isoleucine), 트레오닌(threonine), 리신(lysine), 메티오닌(methionine), 페닐알라닌(phenylalanine), 트립토판(tryptophan)의 8개 아미노산이다. 발육기 어린이와 환자는 히스티딘(histidine)과 아르지닌(arginine)을 체내에서 충분히 합성하지 못하므로 필수 아미노산으로 포함하여 10개이다. 식품 단백질 중 필수 아미노산 함량은 단백질의 영양적 가치 평가의 기준이 된다. 이상적 필수 아미노산 분포도에 가까운 필수 아미노산 조성을 가진 식품으로는 달걀, 우유, 육류 등이 있다.

## (3) 아미노산의 성질

### 1) 양성전해질

아미노산 분자 내에 산성을 나타내는 카르복실기(-COOH)와 염기성을 나타내는 아미노기($-NH_2$)를 가지고 있으므로 용액의 pH에 따라 산 또는 염기로 작용하는 양성전해질이다. 즉, 아미노산은 산성 용액에서는 수소이온($H^+$)이 존재하므로 아미노산은 양전하를 가지게 되고, 염기성 용액에서는 수산이온($OH^-$)이 존재하므로 음전하를 가진다. 아미노산 수용액에서 이들 작용기들은 음이온과 양이온의 전하를 동시에 갖게 되어 양성이온의 상태로 존재한다 그림 5-3.

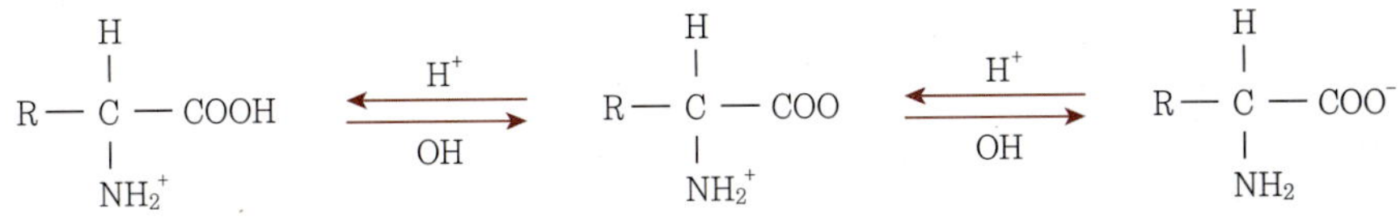


그림 5-3 양성전해질

### 2) 등전점

이미 앞에서 서술한 바와 같이 아미노산은 산성 용액에서는 $H^+$가 존재하므로 양이온(+)을 띠며, 염기성 용액에서는 $OH^-$가 존재하므로 음이온(-)의 전하를 가지게 되므로 중성 아미노산 수용액을 전기영동장치에 넣고 전류를 통하면 아미노산은 산성 용액에서는 음극(-)으로, 염기성 용액에서는 양극(+)으로 이동한다.

어느 일정한 pH 용액에서는 아미노산 중의 양이온과 음이온의 수가 같아서 실제 전하가 0이 되므로 어느 전극으로도 아미노산이 이동하지 않는 용액의 pH 값을 등전점(isoelectric point, pI)이라고 한다. 등전점에서 아미노산은 불안정하기 때문에 침전되기 쉬우며, 용해도, 점도, 삼투압은 최소가 되고 흡착성과 기포성은 최대가 된다.

표 5-2 아미노산의 등전점

| 아미노산 | 등전점 | 아미노산 | 등전점 |
|---|---|---|---|
| 글리신(glycine) | 6.06 | 티로신(tyrosine) | 5.66 |
| 알라닌(alanine) | 6.0 | 트립토판(tryptophane) | 5.9 |
| 발린(valine) | 5.96 | 프롤린(proline) | 6.3 |
| 루신(leucine) | 5.98 | 히드록시프롤린(hydroxyproline) | 5.8 |
| 이소루신(isoleucine) | 5.9 | 아스파르트산(aspartic acid) | 2.8 |
| 세린(serine) | 5.7 | 아스파라긴(asparagine) | 5.4 |
| 트레오닌(threonine) | 5.6 | 글루탐산(glutamic acid) | 3.22 |
| 시스테인(cysteine) | 5.07 | 글루타민(glutamine) | 5.7 |
| 시스틴(cystine) | 5.0 | 리신(lysine) | 9.74 |
| 메티오닌(methionine) | 5.74 | 아르기닌(ariginine) | 10.9 |
| 페닐알라닌(phenylalanine) | 5.7 | 히스티딘(histidine) | 7.6 |

## 2. 단백질

단백질은 수백 개 이상의 아미노산들이 펩타이드 결합으로 구성된 고분자 화합물로서 화학적 조성 및 이화학적 성질에 따라 단순단백질(simple protein), 복합단백질(compoud protein), 유도단백질(derived protein) 등으로 분류한다. 또한, 단백질 구조적 특징에 따라 섬유상 단백질 · 구상 단백질로, 급원에 따라 식물성 단백질 · 동물성 단백질 등으로 분류한다.

### (1) 단순단백질

가수분해에 의하여 아미노산과 그 유도체만을 생성하는 것으로 비교적 구조가 간단한 단백질이다.

#### 1) 알부민

알부민(albumin)은 물, 묽은 염류 용액, 묽은 산 및 묽은 알칼리에 잘 녹으며 가열하거나 알코올에 의하여 쉽게 응고된다. 알부민은 모든 동 · 식물 식품에 널리 존재하며, 동물성 식품으로는 오브알부민(ovoalbumin, 난백), 콘알부민(conalbumin, 난백), 락토알부민(lactoalbumin, 우유), 혈청알부민(serum albumin, 혈청) 등이 있고, 식물성 식품으로는 류코신(leucosin, 보리), 레규멜린(legumein, 콩류) 등이 있다.

### 2) 글로블린

글로블린(globulin)은 물에는 거의 녹지 않고, 묽은 염류 용액, 묽은 산 및 묽은 알칼리 용액에는 잘 녹는다. 글로블린은 알부민과 공존하는 경우가 많으며, 동 · 식물 식품에 많이 분포되어 있다. 동물성 식품으로는 오브글로블린(ovoglobulin, 난백), 락토글로블린(lactoglobulin, 우유), 혈청글로블린(serumglobulin, 혈청) 등이 있으며, 식물성 식품으로는 글리시닌(glycinin, 대두), 레규민(legumin, 땅콩), 에데스틴(edestin, 대마) 등이 있다.

### 3) 글루텔린

글루텔린(glutelin)은 물, 묽은 용액에는 녹지 않고 묽은 산, 묽은 알칼리에 잘 녹는다. 주로 식물성 식품인 곡류에 존재하고, 글리시닌(glycinin)과 글루탐산(glutamic acid)을 다량 함유하고 있다. 오리제닌(oryzenin, 쌀), 글루테닌(glutenin, 밀), 호르데닌(hordenin, 보리) 등이 있다.

### 4) 프롤라민

프롤라민(prolamin)은 70~80%의 알코올에 잘 녹으며 물이나 중성염류에는 녹지 않는 특징이 있다. 글루텔린과 같이 이들 단백질 역시 곡류의 종자에 많이 함유되어 있으며 글루탐산(glutamic acid)과 프롤린(proline)을 다량 함유하고 있다. 제인(zein, 옥수수), 글리아딘(gliadin, 밀), 호르데인(hordein, 보리) 등이 이에 속한다.

### 5) 히스톤

히스톤(histone)은 물, 묽은 산에 잘 녹으며 가열에 의해 응고되지 않으나, 알칼리 용액에 의해서 침전되며 녹지 않는다. 리신과 아르기닌을 다량 함유하고 있는 염기성 단백질이다. 동물의 체세포액이나 정자액 내 DNA나 단백질 중에 존재한다.

### 6) 프로타민

프로타민(protamin)은 물, 묽은 산, 알코올에 녹고 묽은 알칼리 용액에 녹는 것이 히스톤과 다른 점이다. 식물계에는 없고 어류의 정자세포 중에 핵산과 결합하여 존재한다.

### 7) 콜라겐

콜라겐(collagen)은 피부 및 결합조직을 구성하는 단백질로 물이나 묽은 산 및 알칼리와 함께 오래 끓이면 소화될 수 있는 젤라틴으로 변한다. 동물체의 단백질 중 30%가 콜라겐이다.

### 8) 엘라스틴

엘라스틴(elastin)은 트립신에 의하여 느리게 소화되며, 힘줄(tendon), 혈관 등의 탄성조직 중에 존재한다.

### 9) 케라틴

케라틴(keratin)은 펩신, 트립신 등에 의하여 소화되지 않고 묽은 산, 알칼리에도 녹지 않으며 머리카락, 뿔 등에 함유되어 있다. 이 단백질은 시스테인 함량이 많아 펩타이드 사슬 사이에 이황화결합(disulfide bond, 디설파이드 결합)이 이루어져 여러 가지 소화효소에 대한 내성이 강하다.

## (2) 복합단백질

단순단백질에 핵산, 당질, 지방질, 색소, 금속 및 인 등이 결합된 단백질이며, 주로 인체 내에서 일어나는 중요한 생화학적 기능과 밀접한 관계가 있다.

### 1) 핵단백질

핵단백질(nucleoprotein)이란 단순단백질에 핵산(DNA, RNA)이 결합한 단백질로 단백질 부분은 염기성의 히스톤(histone) 또는 프로타민(protamine)이다. 핵단백질은 동식물의 세포핵의 주성분이며, 동물체의 흉선(thymus), 식물체의 배아(germ), 효모, 세균 등에 함유되어 있다.

### 2) 인단백질

인단백질(phosphoprotein)은 단순단백질과 인산($H_3PO_4$)이 결합한 복합단백질이며, 동물성 식품에 많이 존재한다. 대표적인 것으로 카제인(casein, 우유), 비텔린(vitellin, 달걀노른자), 비텔레닌(vitellenin, 달걀노른자)에 존재하고 있다.

### 3) 당단백질

당단백질(glycoprotein)은 단순단백질에 당질이 결합한 단백질로서 독특한 점성이 있어 점성단백질이라고 한다. 이 단백질은 조직 및 장내의 윤활작용과 동식물 세포와 조직의 보호작용을 한다. 당단백질 중 산성 용액에서 침전되는 것을 뮤신(mucin)이라고 하며 동물의 점액, 타액, 소화액에 존재한다. 반면 산성 용액에 침전되지 않는 것을 뮤코이드(mucoid)라고 하고 혈청, 결체조직에 존재하며 오브뮤코이드(ovomucoid), 오브뮤신(ovomucin, 달걀흰자) 등이 이에 속한다.

### 4) 지단백질

지단백질(lipoprotein)이란 단순단백질과 지질(인지질, 콜레스테롤)이 결합한 단백질로 유화력을 가지고 있으며 거의 모든 동식물 세포에 들어있다. 리포비텔린(lipovitellin, 달걀노른자), 리포비텔리닌(lipovitellinin, 난황) 등이 이에 속한다.

### 5) 색소단백질

색소단백질(chromoprotein)은 단순단백질과 색소가 결합한 복합단백질로 산소운반, 호흡작용, 산화·환원작용에 관여하는 생리작용에 관여한다. 색소성분으로는 클로로필(chlorophyll), 카로티노이드(carotenoid), 헴(heme), 플라보노이드(flavonoid) 등이 있다. 클로로필(chlorophyll)과 결합된 단백질을 클로로필 프로테인(chlorophyll protein)이라 하며 필로클로린(phyllochlorine)이 이에 속한다. 헴(heme) 색소와 결합된 단백질을 헤모프로테인(hemeprotein)이라 하며, 헤모글로빈(hemoglobin, 동물의 혈액), 미오글로빈(myoglobin, 근육), 싸이토크롬(cytochrome, 동식물의 호흡효소) 등이 있다. 카로티노이드(carotenoid) 색소와 결합된 단백질을 카로티노이드 프로테인(carotenoid protein)이라 하며, 아스타잔틴 프로테인(astaxanthin protein, 갑각류의 껍질) 등이 있다. 플라보노이드(flavonoid) 색소와 결합된 단백질을 플라보프로테인(flavoprotein)이라 하며 황색효소(우유, 혈액, 일반조직체)가 여기에 속한다.

### 6) 금속단백질

금속단백질(metalloprotein)은 단순단백질이 금속(Fe, Cu, Zn)과 결합한 것으로 철단백질로는 헤모글로빈(hemoglobin, 혈액), 페리틴(ferritin, 간)이 있고, 구리단백질로는 헤모시아닌(hemocyanin, 연체동물의 혈액), 아연단백질로는 인슐린(insulin, 췌장)이 있다.

## (3) 유도단백질

천연단백질이 물리 및 화학적 작용 또는 효소의 작용으로 변성 및 분해 등의 변화를 받은 단백질을 말하며, 변성의 정도에 따라 1차 유도단백질과 2차 유도단백질로 분류된다.

### 1) 1차 유도단백질

천연단백질이 산, 알칼리, 효소, 가열 등에 의하여 구조가 약간 변성된 것으로 일명 변성 단백질이라고 한다.

① 젤라틴(gelatin): 콜라겐(collagen, 피부, 힘줄, 뼈, 연골)을 물에 장시간 끓이면 뜨거운 물에는 녹고 찬물에 녹지 않는 젤라틴이 얻어진다.

② 파라카제인(paracasein): 우유단백질인 카제인(casein)이 레닌(renin)효소에 의해 응고되어 생긴 것이다.

③ 피브린(fibrin): 혈액 중의 피브리노겐(fibrinogen)이 효소, 산, 알칼리, 열 등에 의하여 변성된 것으로 혈액의 응고에 관여한다.

④ 메타프로테인(metaprotein): 묽은 산, 알칼리의 작용에 의해서 그 구조가 바뀌어 변성된 것을 말하여 변성된 글로블린(globulin), 알부민(albumin)이 해당된다.

⑤ 프로틴(protean): 물에 잘 녹는 단백질이 산, 알칼리, 또는 가열 등에 의해서 물에 녹지 않게 된 단백질을 말하며, 대부분 가공식품들의 단백질이 이에 속한다.

### 2) 2차 유도단백질

1차 유도단백질보다 변성이 더욱 진행된 것으로 천연단백질이 가수분해 되어 아미노산이 되기까지 중간생성물을 말한다. 1차 프로테오스(primary proteose), 2차 프로테오스(secondary proteose), 펩톤(peptone), 펩타이드(peptide) 등이 있으며, 일명 분해단백질이라고도 한다.

① 1차 프로테오스(primary proteose): 천연단백질이 가수분해 된 생성물로 물에 녹고 열에 의해 응고되지 않으며, 진한 질산에 침전하고 황산암모늄에는 반포화로 침전한다.

② 2차 프로테오스(secondary proteose): 1차 프로테오스를 더 분해한 것으로 분자량은 1차 프로테오스보다 작다. 물에 녹고 열에 의해 응고되지 않으며 황산암모늄 포화로 침전된다.

③ 펩톤(peptone): 프로테오스가 더 분해 된 것으로 그 분자량은 프로테오스보다 더 작은 생성물이다.

④ 펩타이드(peptide): 단백질의 가수분해가 가장 많이 진행된 단백질로 그 분자량이 가장 작은 생성물이다. 결합하는 아미노산의 수에 따라 디펩타이드(dipeptide), 트리펩타이드(tripeptide), 테트라펩타이드(tetrapeptide) 등으로 구분한다.

### (4) 단백질의 구조

단백질은 수백 개 이상의 아미노산들이 아미노기와 카르복실기 간에 이루어진 펩타이드 결합을 한 고분자 화합물이다. 단백질의 구조는 1차, 2차, 3차, 4차 구조로 구분한다 그림 5-4.

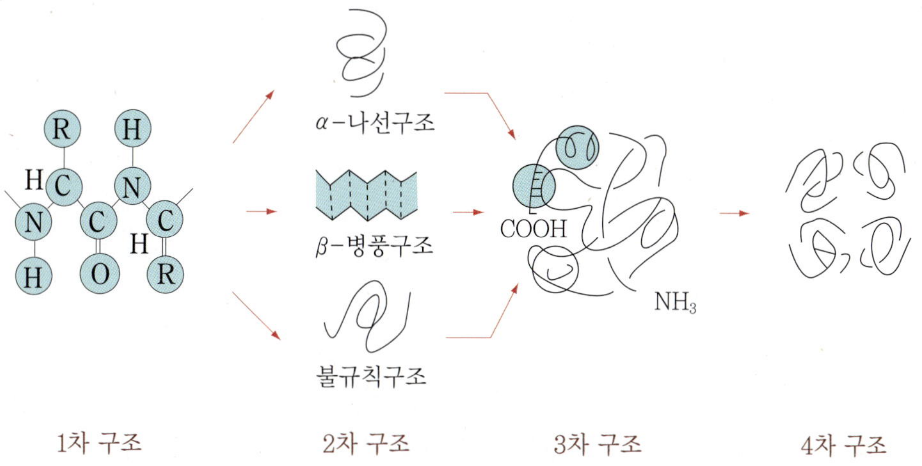


그림 5-4 단백질의 구조

#### 1) 1차 구조

1차 구조는 다수의 아미노산이 펩타이드 결합으로 이루어져 폴리펩타이드(polypeptide)를 형성한 구조이며 아미노산 배열 순서를 나타낸 구조를 말한다. 펩타이드 결합이란 한 분자의 아미노산이 가지고 있는 카르복실기와 다른 아미노산이 가지고 있는 아미노기와 반응하여 탈수 축합으로 아미드(amid, -CO-NH-) 형태로 결합한 것을 말하며, 여러 분자의 아미노산으로 결합되어진 것을 폴리펩타이드(polypeptide)라 한다 그림 5-5.

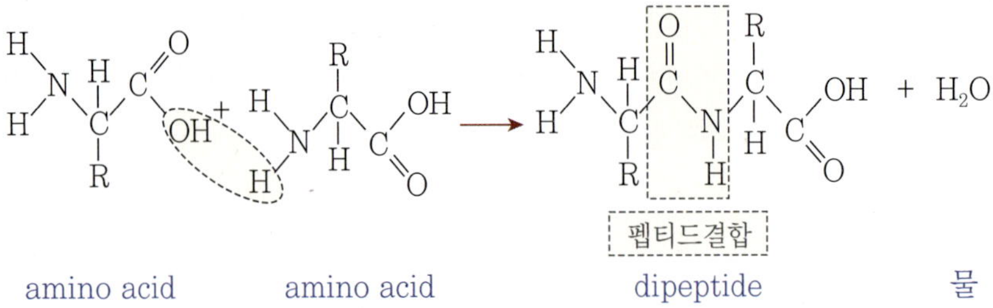


그림 5-5 단백질의 1차 구조

## 2) 2차 구조

폴리펩타이드 사슬에 존재하는 구성아미노산끼리 상호작용에 의하여 입체구조를 형성한다. 2차 구조는 측쇄 상호간의 작용에 의해서 생긴 $\alpha$-나선구조($\alpha$-helix), 병풍구조($\beta$-pleated sheet) 및 불규칙 코일(coil) 형태 등과 같은 폴리펩타이드 사슬의 입체적 사슬을 말한다.

$\alpha$-나선구조 그림 5-6 는 분자 내에서 수소 결합에 의해서 나선 모양으로 꼬인 상태로 이루어진 구조이다. 펩타이드 사슬 내의 모든 카르보닐기(C=O)와 아미노기(N-H) 사이의 수소결합으로 나선을 따라 형성되고 코일 밖으로 모든 아미노산 잔기의 곁사슬이 향하고 있기 때문에 나선구조는 매우 안정하게 유지된다. $\alpha$-나선구조를 많이 가지고 있는 단백질은 미오신, 헤모글로빈, 피브린, 케라틴 등의 섬유상 단백질이다.

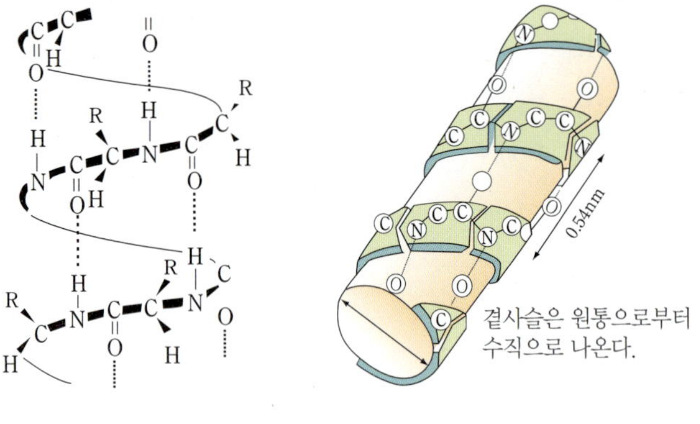


그림 5-6 단백질 $\alpha$-나선구조

병풍구조 그림 5-7 는 분자 사이에 수소결합에 의해 병풍을 펼

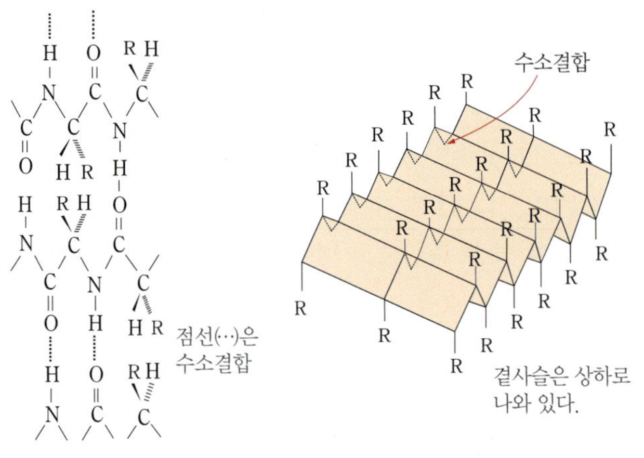


그림 5-7 단백질 $\beta$-병풍구조

친 것과 같은 모양을 유지하는 것으로 β-구조의 주름진 형태를 하고 있다. 병풍구조에서는 카르보닐기(C=O)와 아미노기(N-H)기가 사슬의 방향과 직각으로 배열되어 분자 간 수소결합을 이루어 병풍과 같이 주름진 판 모양이 되며 곁사슬은 병풍 평면의 위와 아래로 향하여 배열된다. 이와 같은 두 가지 2차 구조 외에 특정한 구조를 갖지 않는 펩타이드 사슬이 멋대로 엉킨 구조를 하고 있는 불규칙한 코일 형태가 있다.

### 3) 3차 구조

2차 구조를 이루는 선상의 폴리펩타이드 사슬이 구부러지고 중첩되어 3차원적인 공간에서 매우 긴 나선구조와 주름진 구조, 그리고 불규칙하게 엉킨 구조 등의 입체구조를 이룬 형태를 말한다. 서로 다른 아미노산 잔기 간의 정전기결합 즉 수소결합, 시스테인의 SH기 상호간의 S-S 결합, 이온결합, 소수성 결합 등에 의해 서로 조합되어 있다 그림 5-8.

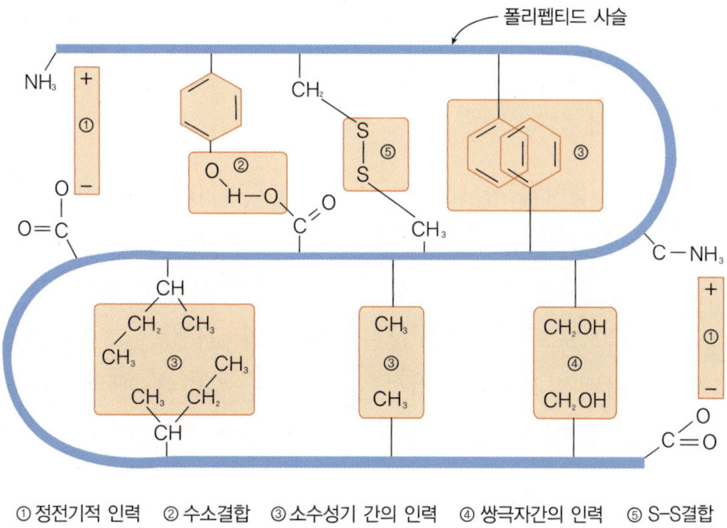


그림 5-8 **단백질 3차 구조**

### 4) 4차 구조

여러 개의 3차 구조 단위의 소단위가 수소결합, 소수성 결합, 이온결합 등의 비공유결합을 회합하여 한 개의 기능을 갖는 단백질 집합체를 이룬 상태를 말한다. 각각의 소단위를 서브유니트(subunit)라 한다. 많은 식품단백질은 보통 2~4개의 서브유니트로 이루어져 있으나 때로는 24개 서브유니트가 회합된 것도 있다. 예를 들어 헤모글로빈은 4개의 소단위를 이루고 있으며, 소단위 두 개씩은 서로 동일하여 결국 두 개의 다른 소단위가 모여 복합체를 형성해서 기능을 발휘하고 있다 그림 5-9.

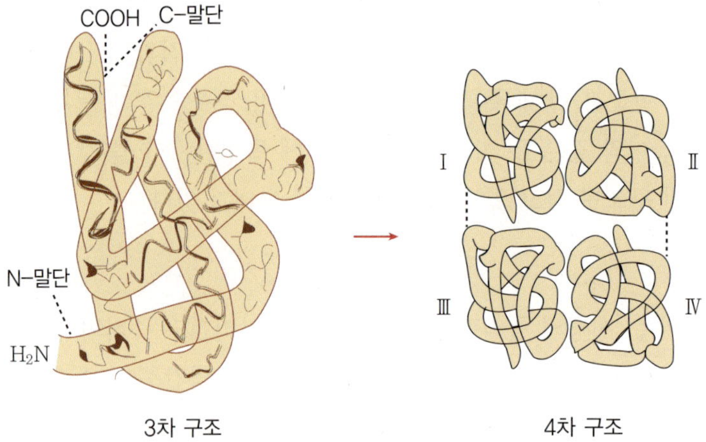


그림 5-9 **단백질 4차 구조**

## (5) 단백질의 일반적 성질

### 1) 양성전해질과 등전점

단백질은 아미노산과 같이 분자 내 유리된 아미노기($-NH_2$)와 카르복실기($-COOH$)를 가지고 있는 양성전해질이므로, 아미노산의 경우와 같이 등전점(pI)을 갖는다. 즉 특정한 pH에서는 양전하와 음전하의 양이 같아져서 분자 전체로서는 전기적으로 중성으로 존재하게 되어 어느 쪽 전극으로도 이동하지 않는데, 이때의 pH 값을 그 단백질의 등전점이라고 한다. 등전점에서 단백질 분자는 침전성은 높아지고, 수화력, 팽윤력 및 용해도가 낮아진다. 이와 같은 단백질의 성질을 이용하여 전기 영동법으로 단백질을 분리하거나 정제에 이용한다.

**표 5-3 단백질의 등전점**

| 단백질 | 등전점 |
|---|---|
| 미오글로빈 | 7.0 |
| 오브알부민 | 4.6 |
| 헤모글로빈 | 6.9 |
| 혈청알부민 | 4.8 |
| 피브리노겐 | 5.5 |
| 시트크롬 C | 10.6 |

### 2) 용해성

단백질 종류에 따라 물, 묽은 중성 염류 용액, 묽은 산, 묽은 알칼리, 암모니아수 등에 녹는다. 이 성질은 각 단백질의 특성으로 조리와 가공에 이용된다.

단백질은 등전점에서 용해도가 최소가 되고, 농도가 높은 중성염을 첨가하면 용해도가 감소되어 침전이 일어난다. 이러한 현상을 염석(salting-out)이라고 하며 단백질의 분리와 정제에 이용된다. 예를 들면 두부를 제조할 때 간수($MgCl_2$, $CaSO_4$)를 사용하여 콩단백질을 침전시키는 원리이다. 반면 대부분 단백질들이 중성 염류 용액에서 용해도가 증가되는데 이러한 현상을 염용(salting in)효과라고 한다. 글로블린(globulin)을 제외한 대부분의 단백질은 묽은 중성 염류 용액에 잘 녹으며 이는 염용효과에 의한 것이다.

## (6) 단백질의 변화

### 1) 단백질 변성

천연단백질의 2차, 3차, 4차 구조에 여러 가지 물리적 · 화학적 작용을 받으면 단백질 고유의 구조에 변화가 일어나는데 이러한 현상을 단백질의 변성(denaturation)이라 한다. 이때 단백질의 1차 구조는 달라지지 않는다.

물리적 요인으로는 가열, 압력, 교반, 동결, 초음파 등이 있으며 화학적 요인으로는 산, 알칼리, 금속염, 유기용매, 염류, 계면활성제 등이 있다. 단백질 변성에 의하여 용해성 감소, 물 결합 능력의 변화, 생물학적 활성 기능 상실, 효소 소화성 증대, 점도 증가, 결정성 상실 등이 초래된다. 예를 들면 대두에서 트립신 저해제(trypsin inhibitor) 등은 가열하여 변성시키면 그 활성을 잃어 소화성 및 체내 이용률을 증가시켜준다.

변성단백질은 변성 요인을 제거하였을 때 원래 상태로 재생되는 가역적 변성과 재생이 되지 않는 비가역적 변성으로 나눌 수 있다. 대부분 비가역적으로 변화되며 적당히 변성된 것은 효소작용을 쉽게 받을 수 있어 소화율이 높아지지만 지나치게 변성된 것은 오히려 소화율이 떨어진다.

#### ① 열

단백질의 열에 의한 변성은 응고형태로 나타나며, 식품의 조리가공에 매우 중요하다. 단백질의 응고는 단백질 분자의 형태가 변하여 변성 형태로 된 다음 단백질 분자 상호간의 결합에 의해 일어난다. 그러나 육류를 장시간 가열하면 결체조직 중 콜라겐과 같은 불용성인 단백질이 가열에 의해 변성되어 가용성인 젤라틴이 되는 경우도 있다. 단백질의 응고는 대개 60~70℃에서 일어나며 수분이 많이 존재할 경우에는 비교적 저온에서 일어나고, 수분이 적을수록 응고온도는 높아진다. 비오틴(biotin)과 결합함으로써 흡수를 방해하는 달걀의 아비딘(avidin)이나 대두의 트립신 저해제와 같은 단백질 등은 가열에 의하여 변성되어 그 활성을 잃는다.

#### ② 냉동

어육의 단백질이 동결되면 근육 중의 구상 단백질은 변하지 않으나 섬유상 단백질인 미오신은 변성되어 불용성으로 변화가 일어나므로 냉동어육을 가열하면 딱딱하고 거칠어지는 현상이 일어난다. 동결변성은 -1~5℃에서 최대이며, pH, 염의 농도 등에 의하여 영향을 다소 받는다. 동결에 의한 변성 시간을 단축시키고 품질저하를 막기 위해서는 -23℃에서 급속 동결하는 방법을 사용한다.

#### ③ 건조

건조에 의한 어육의 단백질 변성은 많은 차이가 있다. 건조가 진행됨에 따라 육섬유를 형성하는 직쇄상의 폴리펩타이드 사슬 사이의 수분은 제거되고, 인접한 폴리펩타이드 사슬이 서로 접근하여 그 사이가 결합되어 견고한 구조로 변하게 됨으로써 변성된다. 건조에 의해 어육은 염석, 응집 현상이 일어나고 외관, 수분, 맛, 경도, 수분함량 등이 달라진다.

#### ④ 산 및 효소

대부분 단백질은 산성조건에서 양전하와 음전하가 변하기 때문에 단백질의 이온결합에 변화가 일어남으로써 변성된다. 산을 첨가하여 단백질의 등전점에 이르게 하여 단백질을 침전시키는 것이다. 그 예로서 우유에 젖산균이 생육하면 pH가 낮아져서 pH 4.2 정도가 될 때 유탁액이 되고 그것이 바로 유산균음료가 된다. 이 밖에도 산에 의하여 치즈 제조, 생선을 조리할 때 식초의 첨가, 달걀의 기포성을 최대로 하기 위한 식초의 이용 등은 이 원리를 이용한 것이다.

우유단백질의 80%를 차지하고 있는 카제인은 응유효소인 레닌효소에 의하여 변성되어 파라카제인이 되는데, 이것이 $Ca^{2+}$과 결합하면 파라카제인이 응고된다. 위 속에서의 카제인의 소화 및 치즈 제조 때 생기는 커드(curd)는 이와 같이 단백질의 변성으로 생긴 것이다.

#### ⑤ 금속

가용성 단백질은 2가 또는 3가의 금속이온에 의하여 변성되어 응고된다. 두유 중 콩 단백질인 글리시닌(glycinin)을 가열하는 것만으로는 변성되지 않으나 간수의 주성분인 염화칼슘($CaCl_2$), 염화마그네슘($MgCl_2$)을 넣으면 $Ca^{2+}$ 및 $Mg^{2+}$에 의하여 글리시닌이 변성되어 응고한다. 이 원리를 이용하여 두부를 제조한다. 과일의 설탕조림에 백반을 첨가하면 백반 중 $Al^{3+}$가 재료 중의 단백질을 응고시켜 조릴 때 형태가 잘 유지되게 한다.

### 2) 단백질의 분해

#### ① 단백질의 자기소화

동물은 도살 후 근육이 수축하여 사후경직이 일어나는데 시간이 지나면 다시 연화되어 고기가 부드러워지게 되고 풍미가 현저히 증가한다. 이는 육류 자신이 가지고 있는 단백질 분해효소인 프로테아제(protease)에 의해 식품 중의 단백질이 펩타이드나 아미노산 등으로 가수분해가 일어나 수용성 질소 화합물이 증가하게 되어 맛과 육질이 좋아지게 된다. 이러한 변화를 숙성이라고 한다. 식품 자신이 가지고 있는 효소에 의하여 단백질성분이 분해되는 것으로 자기소화라 한다. 보통 쇠고기나 돼지고기는 0~2℃의 냉장고 내에서 10~14일 보관하는 저온숙성법과 15℃ 부근에서 2~3일을 보존하는 고온숙성법이 있다. 그러나 자기소화 된 단백질은 미생물이 번식하기 쉬워 부패가 빨리 일어난다.

#### ② 광선에 의한 분해

단백질은 햇빛이나 자외선 조사에 의하여 분해를 일으키게 된다. 그 예로서 카제인 용액은 형광 물질의 존재하에 햇볕을 쪼이면 트립토판이 분해되어 영양가가 떨어진다. 또한 달걀흰자의 알부민 용액에 자외선을 쬐면 점도는 변하지 않으나 표면장력이 감소된다. 이와 같이 아미노산이나 단백질은 빛에 의해 분해를 일으키며 이것은 열변성과는 달리 일어나는 현상이다. 특히 트립토판은 빛에 대단히 불안정하기 때문에 햇빛을 쪼이면 갈색으로 착색되어 식품의 갈변현상이 일어나기도 한다.

## 3. 단백질의 정색 반응

단백질은 아미노산이 펩타이드 결합과 아미노산의 측쇄를 가지고 있어 화학 물질과 반응성이 풍부하다. 따라서 단백질을 구성하는 아미노산의 종류에 따라 여러 가지 정색을 나타낸다.

### 1) 닌하이드린 반응

단백질 용액에 1%의 닌하이드 용액을 가한 후 중성에서 가열하면 황색→청자색→적자색을 나타낸다. 이러한 닌하이드린(ninhydrin) 반응은 $\alpha$-아미노기를 포함한 화합물이 나타내는 정색 반응으로서 아미노산으로 구성된 펩타이드, 단백질뿐만 아니라 아민, 암모니아 등도 이와 같은 반응을 한다.

### 2) 뷰렛 반응

단백질 용액에 진한 알칼리 용액을 가하여 알칼리성으로 만들고 여기에 1% 황산구리($CuSO_4$) 용액을 1~2방울 가하면 적자색을 띤다. 이러한 뷰렛(Biuret) 반응은 2개 이상의 펩타이드 결합 존재에서 일어난다.

### 3) 잔토프로테인 반응

단백질 용액에 진한 질산을 가하면 백색 침전이 발생되고, 이를 다시 가열하면 용해되어 황색으로 변한다. 이러한 잔토프로테인(xanthoprotein) 반응은 단백질 분자 내의 티로신 또는 트립토판 등의 방향족 아미노산의 확인에 이용한다.

### 4) 밀론 반응

단백질 용액에 밀론 시약을 가하면 백색 침전이 발생되고 가열하면 적색으로 변한다. 이러한 밀론(milon) 반응은 단백질 분자 내에 티로신과 같은 페놀기를 가진 아미노산의 존재를 확인한다.

### 5) 홉킨-콜 반응

단백질 용액에 무수초산을 가한 다음 다시 진한 황산을 서서히 가하면 그 경계면에서 적자색의 환이 발생된다. 이러한 홉킨-콜(Hopkins-Cole) 반응은 단백질 분자 내에 트립토판이 있을 때 나타난다.

## 4. 주요 식품단백질

### (1) 우유

우유에는 단백질 함량이 3.3% 존재하며, 그 중 카제인이 약 78%, 유청단백질이 약 13%, 그 외의 단백질과 질소 화합물이 9%를 차지한다.

### 1) 카제인

카제인(casein)은 인단백질의 일종으로 $\alpha$s-1, $\alpha$s-2, $\beta$-, $\gamma$-casein으로 구분한다.

$\alpha$s-1-카제인이 가장 많고 우유단백질 중 약 37%가 존재한다. 다음으로 $\beta$-카제인이 약 26%, $\alpha$s-2-카제인이 약 10%, $\gamma$-카제인이 약 7%가 있다. $\gamma$-카제인 이외의 $\alpha$s-1, $\alpha$s-2, $\beta$-카제인은 칼슘이온 존재하에서 침전하는 성질이 있다. 그러나 모든 카제인은 상호작용에 의해 칼슘-카제인-인산복합체인 거대한 회합체를 형성하여 안정한 입자인 카제인 미셀(casein micell) 상태로 현탁되어 있다.

카파 카제인($\gamma$-casein)은 레닌효소에 의해 가수분해 되어 파라-카파-카제인(para-$\gamma$-casein)이 되며 이것이 우유 속의 Ca 등과 결합하여 침전되어 치즈를 제조하는데 사용된다.

### 2) 유청단백질

우유에 산이나 레닌을 첨가하여 응고 침전되는 카제인을 제외한 용액을 유청(whey)이라 하며 유청에 함유된 단백질을 유청단백질(whey protein)이라 한다. 유청단백질에는 $\alpha$-락토알부민(lactoalbumin), $\beta$-락토글로블린(lactoglobulin), 락토페린(lactoferrin), 면역 글로블린(immuno globulin), 혈청 알부민(albumin) 등이 함유되어 있다. $\alpha$-락토알부민은 칼슘이 결합된 금속 단백질이며, 유당 합성에 필요한 단백질이다. $\beta$-락토글로블린은 비타민 A 등 소수성 물질 수송에 관여한다. 우유를 40℃ 이상으로 가열하면 표면에 얇은 막이 생기는데 이것은 락토알부민에 의한 것이다.

락토페린은 당단백질이며 초유에 많고 성숙된 우유에는 적다. 철과 결합하는 성질을 가지고 있어서 용액에서 철이온을 빼앗음으로써 항균작용을 나타낸다. 면역 글로블린은 우유 중에 IgG1, IgG2, 분비형 IgA, IgM이 함유되어 있다. 분비형 IgA는 초유에 많고 신생아의 감염예방에 중요하다.

## (2) 달걀

난백은 약 10%가 단백질이며 40종류 이상의 단백질로 구성되어 있다. 한편 난황은 15%가 단백질이며 대부분 지단백질(lipoprotein) 형태로 존재한다.

### 1) 난백단백질

#### ① 오브알부민

난백단백질의 60~70%를 차지하는 당단백질이다. 오브알부민은 60℃, 10분간 가열로 90% 이상이 가열 응고한다.

② 오브트란스페린

난백단백질의 12~13%를 차지하며 강한 철이온 결합능을 가져 항균작용을 나타내기 때문에 세균 감염으로부터 달걀을 보호할 수 있다.

③ 오브뮤코이드

당단백질로 난백단백질의 약 13~14%를 차지한다. 오브뮤코이드는 달걀의 단백질을 보호할 뿐만 아니라 달걀의 세균 감염을 방지하는 작용이 있다. 트립신(trypsin)의 작용을 저해한다.

④ 라이소자임

라이소자임(lysozyme)은 난백단백질의 약 3.5%를 차지하며 세균 세포벽의 다당류를 가수분해함으로써 세균 침입을 막는다.

#### 2) 난황단백질

① 저밀도 리포프로테인(LDL)

난황 고형물의 약 70%를 차지하는 주요한 단백질로 지질이 85~90%, 단백질이 13% 정도 함유되어 있다. 난황의 유화성에 기여하는 단백질이다.

② 고밀도 리포프로테인(HDL)

난황 고형물의 약 16%를 차지한다. 단백질의 약 75%, 지질이 약 25% 이다.

### (3) 육류 및 어패류

육류에 함유된 단백질은 약 20%이며 근육의 주요 구성성분이다. 근육단백질은 근원섬유 단백질, 근형질 단백질 및 육기질 단백질 등 세 가지로 분류한다. 근원섬유 단백질은 근원섬유를 형성하고 있으며, 근형질 단백질은 근형질 내에 존재하고 있다. 육기질 단백질은 세포막 및 속을 형성하는 막 등의 성분이다. 이들 비율은 동물의 종류 및 근육 부위에 따라 다르지만 육류는 근원섬유 단백질:근형질 단백질:육기질 단백질이 거의 5:2:3이고, 어패류는 6~7:2~3:0.5이며 어패류의 근육은 육기질 단백질이 적은 것이 특징이다.

#### 1) 근원섬유 단백질

근원섬유 단백질의 과반수를 차지하고 있는 성분은 미오신(myosin)이다. 다음으로 액틴(actin)이 많고 그 이외의 트로포미오신(tropomyosin), 트로포닌(troponin) 등도 있다. 이들은 염용성 단백질로 근육의 수축을 담당하는 단백질이다.

### 2) 근형질 단백질

미오글로빈, 헤모글로빈 등의 색소 단백질이 해당되며 대사에 필수적인 단백질로서 수용성이다.

### 3) 육기질 단백질

물 및 염류 용액에 녹지 않는 단단한 단백질로 결합조직의 구성성분이며 주로 콜라겐(collagen)과 엘라스틴(elastin)으로 구성된다. 콜라겐은 물과 가열하면 가용성의 젤라틴으로 변화한다.

## (4) 콩

콩에는 40% 전후의 단백질이 함유되어 있다. 주된 단백질은 글로블린(globulin)에 속하는 글리시닌(glycinin)이 대부분을 차지한다. 글리시닌은 16종의 각종 아미노산으로 구성되어 있으며, 필수 아미노산이 골고루 함유되어 있다. 특히 리신(lysine)을 많이 함유하고 있으나 트립토판(tryptophan), 메티오닌(methionine) 등은 적은 편이다.

## (5) 밀

밀가루에는 단백질이 8~14.5% 함유되어 있고 주된 단백질인 글루텐(gluten)은 글루테닌(glutenin)과 글리아딘(gliadin)으로 구성되어 있다. 글루텐은 망상구조를 형성하여 다른 곡류에는 볼 수 없는 점성과 탄력을 부여하고 제빵 공정에서 빵의 골격을 형성하는 데 관여한다. 글루텐이 많은 강력분은 박력분에 비하여 점탄성이 강하다. 아미노산 조성은 리신(lysine), 트립토판(tryptophan), 황함유 아미노산 등 필수 아미노산이 부족하다.

## (6) 쌀

쌀에는 약 6% 단백질이 함유되어 있다. 주요 단백질은 80% 정도인 오리제닌(oryzenin)이며, 글로블린(globulin), 알부민(albumin), 프롤라민(prolamin)의 순으로 함유되어 있다. 쌀 단백질은 많은 폴리펩타이드로 구성되어 구조가 복잡하다. 쌀 단백질의 구성 아미노산 중 리신(lysine), 트립토판(tryptophan), 메티오닌(methionine)의 함량은 적으나 곡류 단백질 중에서 우수하다.

CHAPTER 06

# 무기질

식품의 단백질, 탄수화물, 지질, 비타민과 같은 유기 화합 물질을 구성하는 C(탄소), H(수소), O(산소), N(질소) 이외의 원소를 일괄해서 무기질이라 한다. 일반적으로 무기질은 무기 화합물이나 이온 형태로 존재하지만 특정한 유기 화합 물질의 구성성분으로도 존재한다. 식품과 인체 내에서 중요한 역할을 하는 무기질은 20여종이며 인체 체중의 약 2~4%를 차지한다. 무기질은 하루 필요량을 기준으로 다량 무기질과 미량 무기질로 나눈다.

## 1. 다량 무기질

섭취량이 100mg/일 이상을 필요로 하는 무기질을 다량 무기질이라고 하며 식품에도 비교적 많이 함유되어 있다. 주요 다량 무기질에는 칼슘(Ca), 마그네슘(Mg), 인(P), 칼륨(K), 나트륨(Na), 염소(Cl), 황(S) 등이 포함된다. 다량 무기질은 신체의 구성성분이며 체액의 산 · 염기 평형, 삼투압 유지 및 생체반응의 촉매에 기여한다. 특히, 칼륨(K), 나트륨(Na), 염소(Cl) 등의 무기질은 삼투압과 수분평형에 관여하고 마그네슘(Mg), 칼륨(K) 등은 신경자극에 관여하는 무기질이다.

### (1) 칼슘

칼슘(calcium, Ca)은 골격 및 치아에 인산칼슘[$Ca_3(PO_4)_2$] 및 탄산칼슘($CaCO_3$)의 형태로 대부분 존재하고 나머지는 혈액, 근육에 분포하고 있다. 우유와 유제품, 대두, 멸치, 해조류 등에 칼슘이 많이 함유되어 있다. 녹색 채소는 칼슘함량은 높지만 수산(oxalic acid)을 많이 함유하고 있어서 칼슘의 좋은 급원은 아니다.

인체의 칼슘흡수는 식품 중에 들어있는 다른 성분과 칼슘의 형태 등에 따라 다르지만 비타민 D, 유당, 펩타이드, 단백질, 인 등은 칼슘의 흡수를 촉진하고 수산, 피트산(phytic acid), 식이섬유, 지방 등은 칼슘의 흡수를 저해한다. 곡류나 콩류에 함유되어 있는 피트산 및 과일 · 채소 속의 수산은 칼슘과 불용성화 염을 형성하여 칼슘의 흡수를 방해한다. 식품 속의 칼슘 : 인의 비율 = 1 : 1(또는 1 : 1.5)일 때 인체 흡수율이 가장 높다. 칼슘의 흡수는 동물성 식품의 칼슘이 식물성 식품의 칼슘보다 흡수가 좋으며 보통 식사에서 칼슘의 흡수율은 대략 55% 정도이다. 칼슘의 하루권장량이 성인이 0.7g인데 비해 일반적으로 섭취량은 0.3g 정도로 부족하기 쉬운 영양소 중 하나이다.

## (2) 인

인(phosphorus, P)은 두류, 곡류, 육류, 난류, 어패류 등의 식품에 많이 함유되어 있다. 인은 유기태 인보다 무기태 인이 흡수가 잘 되며, 곡류 중에 함유된 인은 피틴(phytin)태 인으로 흡수가 잘 되지 않는다. 비타민 D는 인의 흡수를 촉진하고 마그네슘, 철, 칼슘, 알루미늄 등은 인의 흡수를 방해한다. 일반적으로 동물성 인이 흡수가 잘 되고 칼슘과 인의 섭취비율은 1:1 정도 되는 것이 바람직하다.

## (3) 마그네슘

마그네슘(magnesium, Mg)은 두류, 육류, 녹색 채소, 고등어, 바나나, 체리, 오렌지가 좋은 공급식품이며 1일 소비량은 0.3g 정도로 보통 부족현상은 일어나지 않는다. 마그네슘은 체내에 약 25g 함유되어 있으며 그 중에서 70%가 인산마그네슘[$Mg_3(PO_4)_2$]의 형태로 골격에 존재한다. 나머지는 근육 체액 및 혈액에 존재한다. 마그네슘을 다량 섭취하면 칼슘의 배설이 마그네슘과 더불어 많아진다. 따라서 마그네슘에 대한 칼슘의 상대적인 섭취부족이 일어날 수 있으므로 칼슘은 마그네슘의 약 4배 정도 더 많이 섭취할 필요가 있다.

## (4) 칼륨

칼륨(potassium, K)은 감자, 시금치, 당근, 밀, 양배추, 바나나, 체리, 포도 등의 식물성 식품에 풍부하며 동물성 식품보다 식물성 식품에 비교적 많이 함유하고 있다. 칼륨은 인체에 약 100~150g 정도 함유되어 있으며 염화칼륨(KCl), 제2인산칼륨($K_2HPO_4$), 탄산칼륨($K_2CO_3$), 중탄산칼륨($KHCO_3$)의 형태로 존재한다. 세포 내의 칼륨 농도는 세포외액의 약 25배이며 신경흥분전달과 근육 활동에 작용한다. 칼륨의 소비량은 성인이 2~3g/일 정도인데 일반식품에 널리 분포되어 있기 때문에 부족한 경우는 거의 없다.

## (5) 나트륨

나트륨(sodium, Na)은 동물성 식품에 비교적 많으며 염화나트륨(NaCl), 인산수소나트륨($Na_2HPO_4$), 탄산나트륨($NaCO_3$) 형태로 식품 중에 함유되어 있다. 나트륨은 소금(NaCl)의 형태로 주로 흡수하는데 인체에 흡수된 나트륨(Na)은 30시간 내외에 배설되므로 매일 섭취하여야 한다. 나트륨은 칼륨이 배설될 때 동시에 배설되기 때문에 채식주의자는 나트륨이 많이 필요하다. 그러나 성인의 경우, 나트륨의 하루 평균소비량이 5~10g 정도인데 비해 소금의 섭취량은 15~30g/일 정도로 상당히 많은 양을 섭취한다. 소금의 과잉 섭취는 고혈압, 혈액 순환계의 질병을 유발하는 원인이 되기도 한다.

조개류, 육류, 토마토 주스는 나트륨 함량이 높은 식품이다. 소금을 다량 사용하는 어육가공품, 피클, 김치, 젓갈류, 가공치즈, 통조림 등도 나트륨 함량이 높다. 가공식품에는 보존제, 발색제, 팽창제, 조미료 등 나트륨을 함유한 첨가물을 사용하므로 나트륨 함량이 높다.

### (6) 황

황(sulfur, S)은 메티오닌(methionine), 시스테인(cysteine), 시스틴(cystine) 등의 아미노산과 단백질의 구성성분이 되고 그 이외의 담즙산, 비타민 $B_1$, 비오틴의 구성원소로 존재한다. 황의 좋은 공급 식품은 동물의 결합조직, 육류, 우유, 달걀, 콩류, 파, 부추, 마늘, 양파, 무, 겨자, 배추 등의 일반식품에 널리 분포되어 있기 때문에 부족한 경우는 거의 없다. 황은 인체에 100~125g 정도 존재하고 있다.

### (7) 염소

염소(chloride, Cl)는 혈액 중에는 소금, 고등동물의 체액과 위에는 염산(HCl)으로 존재한다. 염소는 신경의 흥분을 촉진하므로 신경의 흥분을 조절하기 위해서는 칼슘의 공급이 필요하다. 염소가 부족할 경우는 소화불량, 식욕부진, 청각기능장애, 위산 과다 등의 증세가 발생한다. 소금과 같은 공급원을 과잉 섭취하면 고혈압, 심장병, 신경과민, 부종 등이 일어난다.

**표 6-1** 다량 무기질의 종류 및 특징

| 무기질 | 권장량 (mg/일) | 공급원 | 기능 | 결핍증 | 과잉증 |
|---|---|---|---|---|---|
| 칼슘 (Ca) | 700 | 우유와 유제품, 대두, 멸치, 해조류 | • 골격 및 치아의 형성<br>• 혈액 응고 촉진<br>• 근육의 수축과 이완<br>• 신경흥분성의 억제<br>• 삼투압 유지<br>• 효소의 활성화 | • 골격 및 치아의 발육 부진<br>• 혈액 응고 불량<br>• 골다공증<br>• 골연화증<br>• 내출혈 | • 신장결석 |
| 인 (P) | 700 | 두류, 곡류, 육류, 난황, 어패류, 멸치 | • 골격 및 치아의 형성<br>• 에너지 대사에 관여<br>• 세포의 구성성분(레시틴과 핵단백질의 구성성분)<br>• 산 및 염기평형 | • 골격손상<br>• 골연화증<br>• 곱추병 | • 신부전증이 있는 경우<br>• 골격손실 가능 |
| 마그네슘 (Mg) | 200~300 | 두류, 육류, 녹색 채소, 바나나, 체리, 오렌지 | • 골격 및 치아의 형성<br>• 당질 대사효소의 구성성분<br>• 신경과 근육의 흥분 억제 | • 혈관의 확장<br>• 경련<br>• 심장기능 약화<br>• 신경장애 | • 칼슘(Ca)의 배설 촉진<br>• 허약 증세 야기 |
| 나트륨 (Na) | 500 | 가공식품 | • 삼투압 조절<br>• 산, 염기 평형<br>• 신경자극전달<br>• 포도당 흡수 | • 근육경련<br>• 식욕부진<br>• 체내성분 유지불량 | • 고혈압<br>• 칼슘손실 증가 |
| 염소 (Cl) | 700 | 가공식품 | • 삼투압 조절<br>• 위액 산성 유지<br>• 소화에 관여 | • 식욕부진<br>• 소화불량<br>• 유아의 경우 혼수 상태 | • 고혈압 |
| 칼륨 (K) | 2,000~4,000 | 감자, 시금치, 당근, 밀, 양배추, 바나나, 체리, 포도 | • 삼투압 조절<br>• 근육수축<br>• 신경자극전달<br>• 글리코겐 형성과 단백질 합성에 관여 | • 근육의 이완<br>• 발육부진 · 식욕상실<br>• 체액의 이동<br>• 근육경련 | • 신장기능 이상시 심장박동 느려짐 |
| 황 (S) | 미설정 | 육류, 우유, 달걀, 콩류, 파, 부추, 마늘, 양파, 무, 겨자, 배추 등 일반식품 | • 함황 아미노산의 구성성분<br>• 효소의 활성화<br>• 해독작용<br>• 산, 염기 평형<br>• 비타민 $B_1$의 구성성분 | • 손톱, 발톱 및 모발의 발육부진 | • 거의 없음 |

## 2. 미량 무기질

철(Fe), 구리(Cu), 아연(Zn), 요오드(I), 망간(Mn), 셀레늄(Se), 코발트(Co), 불소(F) 등이 미량 무기질에 속한다. 미량 무기질은 효소, 색소, 비타민, 혈색소, 근육 색소, 단백질의 구성성분으로서 각종 대사, 반응 및 식품의 색깔에 관여한다.

### (1) 철

철(iron, Fe)은 혈색소(hemoglobin)의 구성성분으로 존재하는데, 철이 $Fe^{3+}$보다 $Fe^{2+}$의 상태일 때 흡수가 더 잘된다. 육류, 간, 어패류, 가금류, 난황 등의 동물성 식품은 흡수가 잘 되는 철을 다량 함유하고 있으며 녹황색 채소도 좋은 공급 식품이 될 수 있다. 비타민 C가 존재하면 $Fe^{3+}$이 $Fe^{2+}$로 바뀌므로, 비타민 C를 많이 함유한 식품의 철은 흡수가 잘 된다. 식품에 피트산이나 인산이 존재하면, 피트산철이나 인산철 등과 같은 불용성 염을 형성한다. 따라서 피트산이나 인산을 많이 함유한 곡류 및 콩류의 철은 이용률이 낮다.

### (2) 아연

아연(zinc, Zn)은 인간에게 두 번째로 중요한 미량 무기질이다. 아연을 많이 함유하고 있는 식품은 주로 조개, 굴, 간, 쇠고기, 게, 새우 등의 동물성 식품이다. 곡류(배아, 외피)와 콩류는 아연 함량이 적고, 아연의 흡수를 저해하는 피트산을 함유하고 있어서 아연의 좋은 공급 식품이 아니다.

### (3) 구리

구리(copper, Cu)를 많이 함유하는 식품으로는 동물의 간, 조개, 굴, 곡류의 배아, 콩류, 감자, 포도, 토마토, 바나나, 버섯 등이 있다. 구리는 체내의 각종 효소의 성분으로 존재하며 금속단백질에 함유되어 있다.

### (4) 요오드

요오드(iodine, I)는 김, 미역, 다시마 등과 같은 해조류, 해산물, 해안지역의 토양에서 자란 농작물 등에 풍부하며 간유, 무 등에 함유되어 있다. 갑상선호르몬의 구성성분으로 요오드는 매우 중요하다.

Chapter 06 | 무기질

### (5) 망간

망간(manganess, Mn)은 곡류, 차, 커피, 밀의 배아, 콩류, 녹색 채소, 견과류에 많이 함유되어 있다. 망간은 요소 형성 및 단백질 대사에 관여, 지방산의 합성 반응을 활성화하는 생리작용을 나타낸다.

### (6) 셀레늄

셀레늄(selenium, Se)은 인체의 간, 신장, 심장, 비장에 분포되어 있으며 글루타티온 과산화효소의 성분으로 체내에서 산화 방지작용을 하고 비타민 E의 활성을 높인다. 셀레늄은 육류, 곡류, 견과류, 해산물, 우유 및 유제품이 좋은 공급 식품이며, 채소와 과일은 좋은 공급 식품이 아니다.

### (7) 코발트

코발트(cobalt, Co)는 비타민 $B_{12}$의 구성원소이며 적혈구 생성에 관여하는 중요한 성분이다. 코발트의 공급 식품으로는 간, 생선, 달걀, 쌀, 콩류이며 인체의 간이나 신장에 많이 들어있다.

### (8) 불소

불소(fluoride, F)는 뼈 조직에서 칼슘과 인의 침착 기질로서 불소 석회를 형성하여 골강도를 향상한다. 불소는 95% 정도가 뼈와 치아에 존재하는 중요한 성분이며 충치 예방 및 억제에 필요한 무기질이다. 불소의 공급 식품으로는 해조류, 어류, 불소가 첨가된 식수, 차 등이 있다.

**표 6-2** 미량 무기질의 종류 및 특징

| 무기질 | 권장량 (mg/일) | 공급원 | 기능 | 결핍증 | 과잉증 |
|---|---|---|---|---|---|
| 철 (Fe) | 12~20 | 육류, 가금류, 간, 난황, 녹황색 채소 | • 헤모글로빈 및 미오글로빈의 구성성분<br>• 산화적 호흡촉매작용<br>• 조효소의 구성성분<br>• 조혈작용에 도움 | • 철 결핍성 빈혈<br>• 유아 발육 부진<br>• 손발톱변형<br>• 피로, 허약 | • 심장 및 췌장에 철 축적<br>• 심부전<br>• 당뇨병 유발 |
| 아연 (Zn) | 10~12 | 조개, 굴, 간, 육류 | • 췌장호르몬의 인슐린의 성분<br>• 효소의 구성요소(carbonic anhydrase)<br>• 핵산의 합성에 관여<br>• 성장, 면역, 생체막 구조와 기능의 정상유지에 기여 | • 발육장애<br>• 상처회복 지연<br>• 미각 및 후각감퇴<br>• 탈모증상<br>• 빈혈 | • 철, 구리 흡수저하<br>• 설사<br>• 구토<br>• 면역기능 억제 |
| 구리 (Cu) | 1.5~3 | 간, 조개, 굴, 해조류, 곡류의 배아, 콩류, 감자, 포도, 토마토, 바나나, 버섯 | • 헤모글로빈의 생성에 철(Fe)과 함께 관여<br>• 철의 흡수 및 운반에 도움<br>• 결합조직의 건강에 기여<br>• 금속계 효소의 성분 | • 저혈소증 빈혈<br>• 성장장애<br>• 뼈의 손실<br>• 심장질환 | • 복통, 오심, 구토<br>• 간질환 |
| 요오드 (I) | 0.075~0.2 | 김, 미역, 다시마, 간유, 무 | • 갑상선호르몬의 구성성분 | • 갑상선종<br>• 비만증 | • 갑상선기능항진증 |
| 망간 (Mn) | 2.0~5.0 | 커피, 차, 굴, 밀의 배아, 콩류, 녹색 채소, 견과류 | • 뼈와 연골 조직의 형성(발육에 관여)<br>• 포도당 산화작용<br>• 단백질 대사에 관여 | • 체중감소<br>• 성장장애<br>• 생식작용 불능 | • 신경근육계 이상 |
| 셀레늄 (Se) | 0.02~0.2 | 육류, 곡류, 견과류, 해산물, 우유 및 유제품, 땅콩, 정어리, 가자미, 굴 | • 글루타티온 과산화효소의 성분<br>• 항산화작용<br>• 비타민 E의 활성 | • 근육약화<br>• 성장장애<br>• 심근장애<br>• 심장기능저하 | • 구토, 설사<br>• 피부손상<br>• 신경계 손상 |
| 코발트 (Co) | 0.1 | 육류, 꼬막, 간, 생선, 달걀, 쌀, 콩 | • 비타민 $B_{12}$ 구성성분<br>• 적혈구 생성에 관여 | • 비타민 $B_{12}$ 결핍<br>• 악성빈혈 | • 신장기능 이상 시 심장박동 느려짐 |
| 불소 (F) | 1.5~4 | 해조류, 어류, 불소가 첨가된 식수, 차 | • 충치예방<br>• 골다공증 방지에 기여 | • 충치유발<br>• 골다공증 | • 반상치(치아 반점)<br>• 위장장애 |

## 3. 산성식품과 알칼리성식품

식품에 함유된 무기질은 음이온이나 양이온을 생성한다. 인(P), 황(S), 염소(Cl), 요오드(I)와 같이 $PO_4^{3-}$, $SO_4^{2-}$, $Cl^-$, $I^-$ 등 음이온을 생성하는 것은 산 생성원소라고 하며 칼슘(Ca), 나트륨(Na), 마그네슘(Mg), 칼륨(K), 아연(Zn), 철(Fe), 구리(Cu), 망간(Mn)과 같이 $Ca^{2+}$, $Na^+$, $Mg^{2+}$, $K^+$, $Zn^{+2}$, $Fe^{2+}$, $Cu^{2+}$, $Mn^{2+}$ 등 양이온을 생성하는 것은 알칼리 생성원소라고 한다. 알칼리 생성원소보다 산 생성원소가 많은 식품을 산성식품이라고 하는데 탄수화물을 다량 함유한 곡류, 단백질과 지방을 다량 함유한 육류 및 어패류는 산성식품이다. 산 생성원소보다 알칼리 생성원소가 많은 식품을 알칼리 식품이라고 하는데 해조류, 채소류, 과일류, 서류 등은 알칼리 식품이다.

식품의 산도(acidity) 및 알칼리도(alkalinity)의 측정은 식품 100g을 연소하여 얻은 회분(ash)을 중화시키는데 소비되는 0.1N-NaOH 또는 0.1N-NCL의 mL 수로 표시한다.

**식품에 함유된 무기질작용**

① 조직작용: 골격, 세포막, 근육조직의 구성성분
② 삼투압, pH 평형유지작용
③ 맛 부여작용
④ 색깔유지 및 변색에 관여
⑤ 산화 반응에 관여(촉매작용)
⑥ 식품물성에 관여(gel화 작용)
⑦ 킬레이트(chelate) 화합물 형성에 관여
⑧ 효소작용에 관여

CHAPTER 07

# 비타민

01 지용성 비타민

02 수용성 비타민

비타민(vitamin)은 미량으로 동물의 영양과 생리작용을 조절하여 물질 대사가 잘 일어나도록 하는 유기 물질로서 체내의 세포를 구성하거나 에너지원으로 사용되지는 않는다. 비타민과 무기질은 인체 내에서 합성되지 않으므로 식품의 섭취를 통하여 공급받을 수 있는 영양성분이다. 그러나 동물의 장내 세균에 의해 비타민 C, 비타민 $B_6$, 비타민 $B_{12}$, 비타민 K 등이 생성되기도 한다. 비타민의 명칭은 발견 순서에 따라 붙인 이름과 화학구조가 밝혀짐에 따라 부여된 화학명을 함께 사용한다. 비타민은 용해성에 따라 지용성 비타민과 수용성 비타민으로 구분하고 있다.

**표 7-1 지용성 비타민과 수용성 비타민의 성질**

| 성질 | 지용성 비타민 | 수용성 비타민 |
|---|---|---|
| 용해성 | 기름과 유기용매에 용해 | 물에 용해 |
| 전구체 | 있다. | 없다. |
| 결핍증세 | 서서히 나타난다. | 빠르게 나타난다. |
| 과잉증세 | 과잉 섭취 시 독성이 강하다. | 과잉 섭취 시 비교적 독성이 약하다. |
| 필요량 섭취 | 매일 필요량을 반드시 섭취할 필요가 없다. | 매일 필요량을 섭취해야 한다. |
| 종류 | 비타민 A(retinol)<br>비타민 D(calciferol)<br>비타민 E(tocopherol)<br>비타민 K(phylloquinone) | 비타민 $B_1$(thiamine), 비타민 $B_2$(riboflavin)<br>비타민 $B_6$(pyridoxine), 비타민 $B_{12}$(cobalamine)<br>비타민 $B_3$(niacin), 비타민 $B_9$(M, folic acid)<br>비타민 C(ascorbic acid), 비타민 $B_7$(H, biotin) |

# 1. 지용성 비타민

## (1) 비타민 A

뱀장어, 소, 돼지, 난황, 버터 등의 동물성 식품과 생호박, 당근, 시금치, 건조미역 등의 식물성 식품이 비타민 A(retinol)의 중요한 공급 식품이다. 그리고 프로비타민 A는 $\beta$-카로틴을 다량 함유한 녹색 채소, 당근, 풋고추 등의 식물성 식품이 주요 공급 식품이다. 비타민 A는 시각작용, 상피조직의 보호작용, 암의 예방 효과, 성장 및 생식기능 등 중요한 기능을 한다. 비타민 A의 구조는 $\beta$-이오논핵과 4개의 공액이중결합이 있는 곁사슬로 되어 있다 그림 7-1.

체내에서 비타민 A로 전환될 수 있는 프로비타민 A는 α-카로틴, β-카로틴, γ-카로틴과 크립토잔틴(cryptoxanthin) 등이 대표적이다 그림 7-2 . 인체 내에서 비타민 A의 효력은 β-카로틴이 가장 크며 크립토잔틴, α-카로틴, γ-카로틴 등은 β-카로틴의 50% 정도 효력이 있다. 비타민 A의 흡수율은 90% 이상, 프로비타민 A의 흡수율은 10~30% 정도인 것으로 알려졌다. 비타민 A는 산에는 불안정하나 알칼리에는 안정하고, 이중결합을 하고 있어서 공기 중의 산소나 광선에 의해서 쉽게 산화된다. 산소가 없는 상태에서는 120℃ 정도로 가열하거나 건조해도 안정하다. 통조림 및 냉동을 할 때는 비타민 A의 손실이 적으며 식품의 비타민 A의 산화를 억제한다.

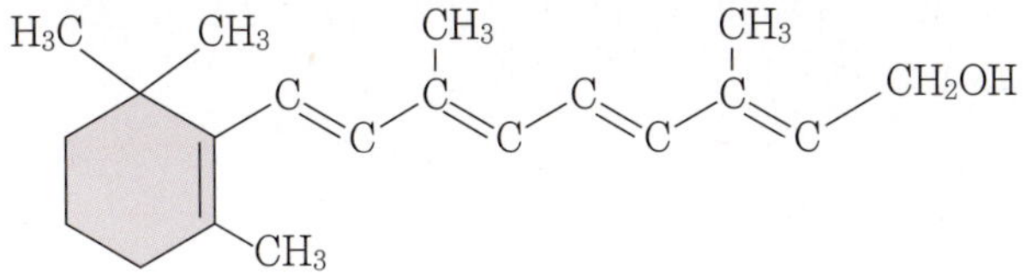


그림 7-1 비타민 A(retinol)

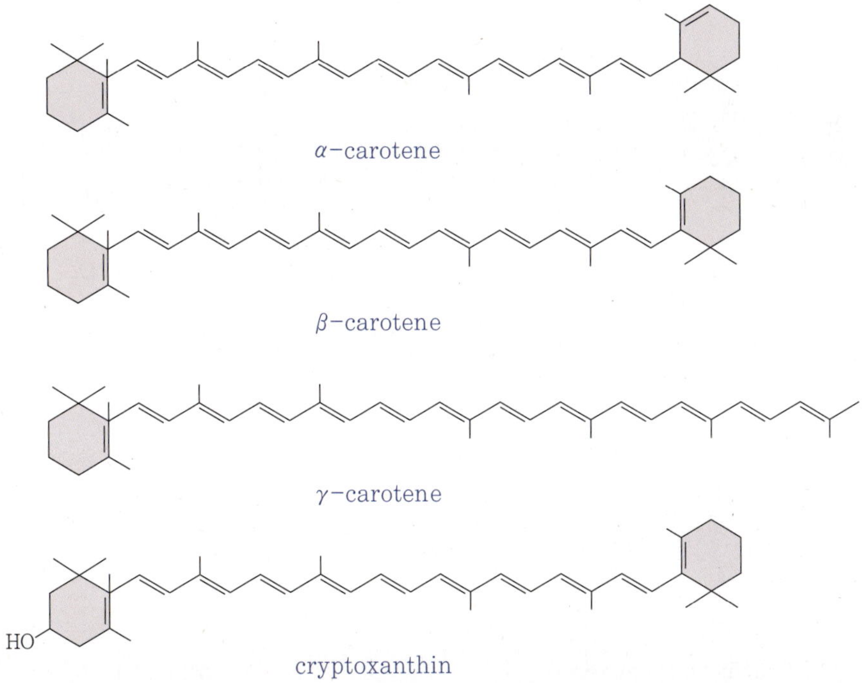


그림 7-2 프로비타민 A(provitamin A)

## (2) 비타민 D

비타민 D(calciferol)는 뼈의 석회화(calcification)와 관계가 있어 항구루병인자라고 하며, 체내에서 생성될 수 있다. 식물성 식품(버섯) 및 효모에는 비타민 $D_2$(ergocalciferol)가, 동물성 식품(정어리>가다랑어>꽁치>참치>뱀장어>소간, 돼지 간>가자미>난황)에는 비타민 $D_3$(cholecalciferol)가 많이 함유되어 있다.

비타민 $D_2$는 전구체인 에르고스테롤(ergosterol), 비타민 $D_3$는 전구 물질인 7-데히드콜레스테롤(7-dehydrocholesterol)에 자외선을 조사하면 활성화된다 그림 7-3, 7-4.

**식물성 식품:** ergosterol → 비타민 $D_2$(ergocalciferol)
**동물성 식품:** 7-dehydrocholesterol → 비타민 $D_3$(cholecalciferol)

비타민 D는 칼슘과 인의 흡수를 돕고 이들의 대사를 조절하며 조직 중에서 칼슘과 인을 결합해 뼈에 침착시키는 작용이 크다. 비타민 D는 물에 녹지 않고 지방에 녹으며 무색의 침상결정이며, 비교적 안정하여 보통의 조건에서 식품을 취급하더라도 분해되지 않는다.

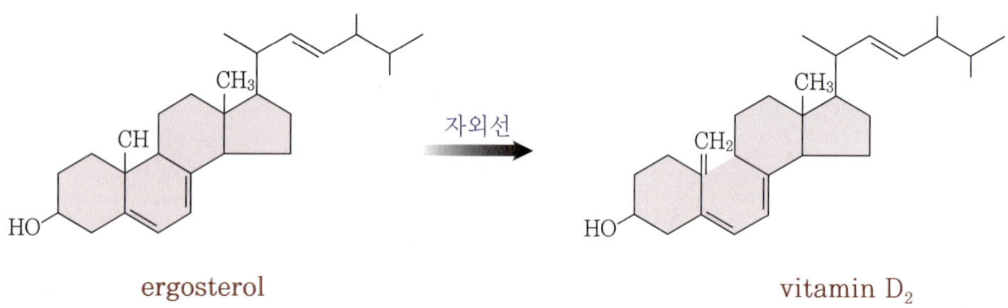


그림 7-3 ergosterol → 비타민 $D_2$(ergocalciferol)

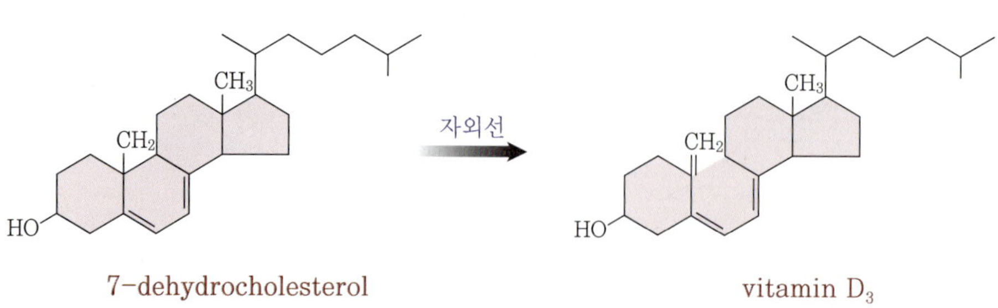


그림 7-4 7-dehydrocholesterol → 비타민 $D_3$(cholecalciferol)

## (3) 비타민 E

비타민 E(tocopherol)는 산소와 산화된 지질이 존재하지 않는 상태에서 상당히 안정하지만, 불포화지방의 산화에 영향을 주는 요인에 의해서는 분해된다. 비타민 E는 식품에 비교적 널리 분포되어 있고, 보통의 식생활로 부족하지 않는다. 주로 식물의 종자, 녹황색 채소 및 식물성 유지에 많이 함유되어 있다. 전어, 청어, 방어, 버터, 달걀, 유채, 해바라기씨, 옥수수, 들기름, 대두, 잣, 피망 등이 좋은 공급 식품이다.

자연계에 있는 비타민 E는 $\alpha$, $\beta$, $\gamma$, $\delta$ 형의 네 종류가 있으며 다른 물질의 산화를 억제하는 항산화작용을 한다. $\alpha$-토코페롤이 인체에서 나타내는 최대의 생물학적 활성을 100%로 할 때 $\beta$-토코페롤은 50%, $\gamma$-토코페롤은 26%, $\delta$-토코페롤은 10% 정도이다. 식품의 불포화지방산, 인지질, 비타민 A의 산화를 막아주고 세포의 노화를 방지한다. 식품 지질의 자동산화 방지효과는 $\delta$-토코페롤이 가장 크고 그 다음 $\gamma$-토코페롤, $\beta$-토코페롤, $\alpha$-토코페롤로 나타난다 그림 7-5.

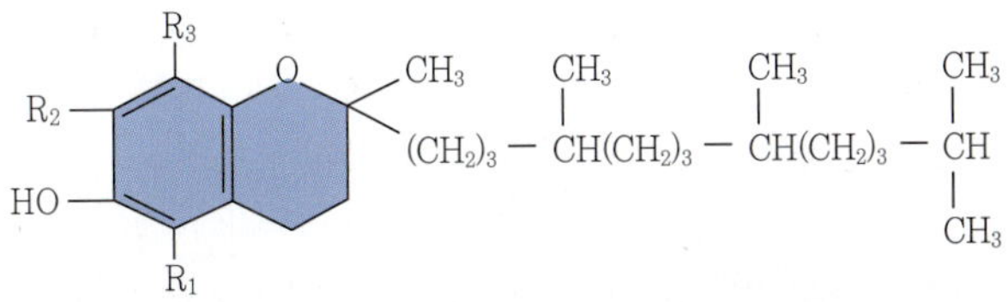


| | $R_1$ | $R_2$ | $R_3$ |
|---|---|---|---|
| $\alpha$ | $CH_3$ | $CH_3$ | $CH_3$ |
| $\beta$ | $CH_3$ | H | $CH_3$ |
| $\gamma$ | H | $CH_3$ | $CH_3$ |
| $\delta$ | H | H | $CH_3$ |

그림 7-5 비타민 E(tocopherol)

## (4) 비타민 K

자연계에 존재하는 비타민 K(naphthoquinones)에는 녹색 식물계에서 합성된 비타민 $K_1$(phylloquinone)과 미생물에 의해 합성된 비타민 $K_2$(menaquinone)가 있다. 인공적으로 합성된 비타민 $K_3$(menadione)는 수용성이고, 천연 비타민 K보다 활성이 더 커서 혈액응고 치료제나 비타민제로 많이 사용된다. 비타민 K는 열에 안정하고 알칼리, 광선에는 불안정하다. 식품에 널리 분포하고 특히 녹황색 채소에 많이 함유되고 있다. 장내 세균에 의해 합성되고 보통의 식사로 부족하지 않는다. 김, 녹색 채소(시금치, 피망), 양배추, 대두 등이 비타민 K의 좋은 공급 식품이다.

### (5) 비타민 F

비타민 F(essential fatty acid)는 필수지방산을 말하며 리놀레산(linoleic acid), 리놀렌산(linolenic acid), 아라키돈산(arachidonic acid) 등이 있다. 비타민 F는 체내에서 성장, 모발 · 피부의 정상유지 등에 관여하고 결핍되면 쥐의 경우 성장정지, 탈모, 피부염 등이 일어난다. 비타민 F는 식물성 유지에 비교적 많이 들어 있으며 동물성 유지에는 매우 적게 함유되어 있다.

**표 7-2 지용성 비타민의 종류 및 특성**

| 비타민 | 화학적 이름 | 결핍 시 증상 | 기능 및 효능 | 과잉 섭취 시 부작용 | 성질 |
|---|---|---|---|---|---|
| A | 레티놀<br>(retinol) | • 야맹증, 안구건조증<br>• 피부이상<br>• 면역 기능 약화<br>• 성장부진 | • 정상시력유지<br>• 상피세포의 건강유지(피부건강)<br>• 신경계 및 생식계 기능 유지<br>• 골격성장(성장촉진)<br>• 항산화성 | • 두통, 구토<br>• 피부이상<br>• 탈모증<br>• 간 비대<br>• 췌장 비대<br>• 뼈통증 | • 불안정: 산, 공기(산소), 빛, 금속(Cu, Fe) |
| D | 칼시페롤<br>(calciferol) | • 어린이–구루병<br>• 성인–골연화증, 골다공증 | • 뼈의 성장과 석회화 촉진<br>• 칼슘의 흡수촉진<br>• 혈액 중에 인의 흡수촉진(인의 양을 일정하게 함) | • 성장지연<br>• 신장손상<br>• 연조직에 칼슘 축적 | • 불안정: 산, 알칼리<br>• 안정: 열, 광선, 산소 |
| E | 토코페롤<br>(tocopherol) | • 적혈구 용혈<br>• 근육위축증<br>• 빈혈<br>• 신경파괴<br>• 불임증 | • 비타민 A의 흡수 증가<br>• 몸의 산화 방지, 혈관 보호<br>• 근육의 기능을 정상화 시킴<br>• 생식기능강화 | • 두통, 피로<br>• 오심, 출혈<br>• 설사, 두통 | • 불안정: 빛, 알칼리 |
| K | 나프토퀴논<br>(naphtho-quinones) | • 출혈 · 혈액응고 지연<br>• 신장염 | • 혈액응고에 관여 | • 빈혈, 황달 | • 불안정: 빛, 알칼리, 산화제 |
| F | 필수지방산<br>(essential fatty acid) | • 피부염<br>• 성장억제 | • 산화·환원 반응에 관여<br>• 콜레스테롤의 운반, 파괴 및 배출에 관여 | • 비타민 E 결핍 | |

## 2. 수용성 비타민

비타민 B 복합체와 비타민 C(ascorbic acid)가 수용성 비타민이다. 비타민 B 복합체에는 비타민 $B_1$(thiamin), 비타민 $B_2$(riboflavin), 비타민 $B_3$(niacin), 비타민 $B_5$(pantothenic acid), 비타민 $B_6$(pyridoxine), 비타민 $B_7$(H, biotin), 비타민 $B_9$(M, folic acid), 비타민 $B_{12}$(cobalamin) 등이 있다.

### (1) 비타민 $B_1$

비타민 $B_1$(thiamine)은 탄수화물 대사에서 조효소로 작용하며 신경과 뇌 기능에서 중요한 역할을 한다. 그리고 항각기성 비타민 또는 항신경염성 비타민(aneurin)이라고도 부른다. 비타민 $B_1$의 공급식품으로는 소맥배아, 대두, 표고버섯, 해바라기씨, 돼지(등심), 동물의 간, 뱀장어, 명란젓 등이 있다.

비타민 $B_1$은 중성 및 알칼리성 용액에는 매우 불안정하지만, 산성 용액과 빛에 대해서는 안정하다. 비타민 $B_1$은 특히 열에 불안정하다. 일반적인 가열조리에서는 20~30% 정도의 비타민 $B_1$이 파괴되며, 냉동식품을 해동할 때는 약 10% 정도가 손실된다. 쌀을 씻을 때 20~50%, 밥을 할 때 40~60%, 채소를 가열할 때 70~80%의 비타민 $B_1$이 손실된다. 비타민 $B_1$은 마늘의 알리신(allicin)과 결합하여 알리티아민(allithiamine)이 된다. 알리티아민의 형태로 존재하는 비타민 $B_1$은 흡수가 잘 되므로, 음식을 먹을 때 마늘을 함께 섭취하면 비타민 $B_1$의 이용률이 높아진다.

### (2) 비타민 $B_2$

비타민 $B_2$(riboflavin)는 동 · 식물 조직에 널리 분포하며 소나 돼지의 간, 달걀, 김, 미역, 풋고추, 느타리버섯, 시금치 등에 널리 함유되어 있다. 일반적으로 생체에는 FMN(flavin mononucleotide), FAD(flavin adenine dinucleotide)의 형태로 존재하며 탄수화물, 단백질, 지질 대사에서 조효소로서 중요한 역할을 한다. 비타민 $B_2$는 독특한 미황색 형광 물질을 띠는 수용성이고 단백질과 결합한 형태로서 우유에는 락토플라빈(lactoflavin), 난백에는 오브플라빈(ovoflavin)으로 존재한다.

비타민 $B_2$는 산에 안정하고 알칼리와 가시광선 및 자외선에 의해 쉽게 분해된다. 비타민 $B_2$를 알칼리에서 광선에 노출하면 루미플라빈(lumi-flavin), 산성에서는 루미크롬(lumichrome)이라는 형광 물질이 생성되어 비타민의 효력을 상실한다. 우유를 햇빛에 두

시간 동안 노출시키면 비타민 $B_2$의 약 50%가 파괴된다. 일반적인 조리와 가공조건에서는 비교적 안정적이다.

### (3) 비타민 $B_3$

비타민 $B_3$(niacin, 니아신)는 니코틴산(nicotinic acid)과 니코틴아미드(nicotinamide)를 포함한 비타민의 명칭이며 식물성 식품, 동물성 식품 모두 널리 분포하고 있다. 체내에서 트립토판(tryptophan) 60mg으로부터 니아신 1mg이 생성되므로, 트립토판을 다량 함유한 육류는 니아신의 좋은 공급원이 된다. 그 외에 쇠간, 정어리, 연어, 고등어, 꽁치, 닭고기, 쇠고기, 순무, 오크라, 땅콩, 밀 배아, 보리쌀, 참깨 등이 니아신의 좋은 공급 식품이다. 니아신은 열, 산, 알칼리, 광선, 산화제에 대하여 안정하며 조리나 가공에 의한 손실이 거의 없다. 생체 내에서는 조효소의 종류인 NAD(nicotinamide adenine dinucleotide), NADP(nicotinamide adenine dinucleotide phosphate)의 형태로 산화 · 환원 반응에 관여한다.

### (4) 비타민 $B_5$

비타민 $B_5$(pantothenic acid)는 '모든 곳'을 의미하는 그리스어 판토스(panthos)처럼 자연계에 널리 분포한다. 조효소 Co A(coenzyme A)의 구성성분으로 에너지 대사나 헤모글로빈, 지방산, 호르몬 합성 및 분해에 관여한다.

판토텐산은 $\beta$-알라닌($\beta$-alanine)과 파톤산(patonic acid)이 결합한 것이다. 판토텐산은 광선, 공기 중에서 안정하지만 열에 약하고 산, 알칼리에 의해 가수분해 된다. 판토텐산은 동 · 식물성 식품에 널리 분포하고 쇠간, 난황, 땅콩 등이 좋은 공급 식품이다.

### (5) 비타민 $B_6$

비타민 $B_6$(pyridoxine)은 피리독신(pyridoxine)이라고 부르며, 항피부병(adermin)인자라고도 한다. 자연계에는 피리독신, 피리독살(pyridoxal), 피리독사민(pyridoxamine)으로 존재한다. 이런 화합물들은 체내에서 상호 전환될 수 있어서 비타민 $B_6$로서의 효능은 같다. 비타민 $B_6$은 피리독살과 리피독사민의 형태로 동 · 식물계에 널리 분포되어 있으며 돼지고기, 닭고기, 쇠고기, 동물의 내장(간, 콩팥), 꽁치, 현미, 감자, 땅콩, 효모, 시금치 등이 좋은 공급 식품이다.

활성형은 피리독살-5-인산(pyridoxal-5-phosphate)으로 아미노산 대사, 조혈작용,

신경전달물질 합성에 관여하는 조효소이다. 피리독살과 피리독사민은 공기 중의 산소, 열, 자외선 조사에 의해 쉽게 파괴된다.

### (6) 비타민 $B_7$

비타민 $B_7$(biotin)은 비타민 H라고도 하며 효모와 세균의 발육인자가 되고 카르복실라아제(carboxylase)의 조효소로 체내에서 푸린(purine)과 췌장 아밀라아제(amylase)의 합성에 관여한다.

비오틴은 우레아(urea), 티오펜(thiophene), 발레르산(valeric acid)이 결합된 구조를 가지고 있다. 열, 광선, 산에 대해서는 안정하지만, 알칼리와 산화에는 불안정하다. 생달걀을 섭취하면 난백에 존재하는 아비딘(avidin)이라는 당단백질이 장내에서 비오틴과 결합하여 비오틴의 흡수를 방해한다. 비오틴은 동·식물성 식품에 널리 분포하며 쇠간, 달걀, 닭고기, 효모, 견과류, 우유, 굴, 시금치 등이 좋은 공급 식품이다 그림 7-6.

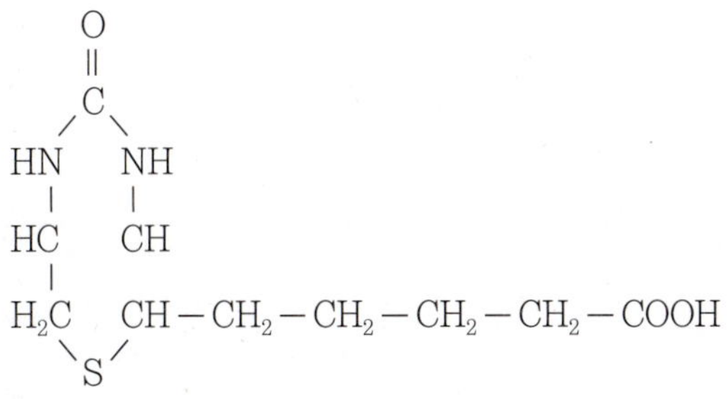

그림 7-6 비타민 $B_7$(biotin)

### (7) 비타민 $B_9$

비타민 $B_9$(비타민 M, folic acid)는 시금치 잎에서 분리되었으며, 아미노산과 핵산의 합성에 중요한 역할을 하며 비타민 $B_{12}$와 함께 적혈구 합성 반응에서 조효소로 작용한다. 식품 내의 엽산은 글루탐산이 3~7개 결합한 형태로 존재한다. 엽산은 산성에서 열이나 광선에 의해 쉽게 파괴되고 알칼리성에서 열에 안정하나 광선에 의해서는 분해된다. 따라서 엽산은 조리, 가공, 저장할 때 쉽게 손실된다. 육류, 쇠간, 난황, 브로콜리, 해바라기씨, 시금치 등이 엽산의 좋은 공급 식품이다.

## (8) 비타민 $B_{12}$

비타민 $B_{12}$(cobalamin)는 비타민 중에서 구조가 가장 복잡하며, 분자중앙에 코발트(Co) 원소를 가지고 있어서 코발라민이라고 한다 그림 7-7.

비타민 $B_{12}$는 항악성빈혈인자라고도 불리며 적혈구의 생성, 지방과 당질 대사, 단백질 합성, DNA 합성 등에 관여한다. 엽산과 함께 적혈구 형성에 관여하며 신경섬유를 싸고 보호하는 수초를 정상적으로 유지하는데 관여한다. 비타민 $B_{12}$는 일반적인 조리조건에서는 비교적 안정하다. 비타민 $B_{12}$는 식물성 식품에는 거의 함유되어 있지 않으며 동물성 단백질 식품인 쇠간, 닭 간, 송이버섯, 굴, 조개, 연어, 난황 등에 풍부하다. 따라서 채식주의자는 비타민 $B_{12}$가 결핍될 수 있다.

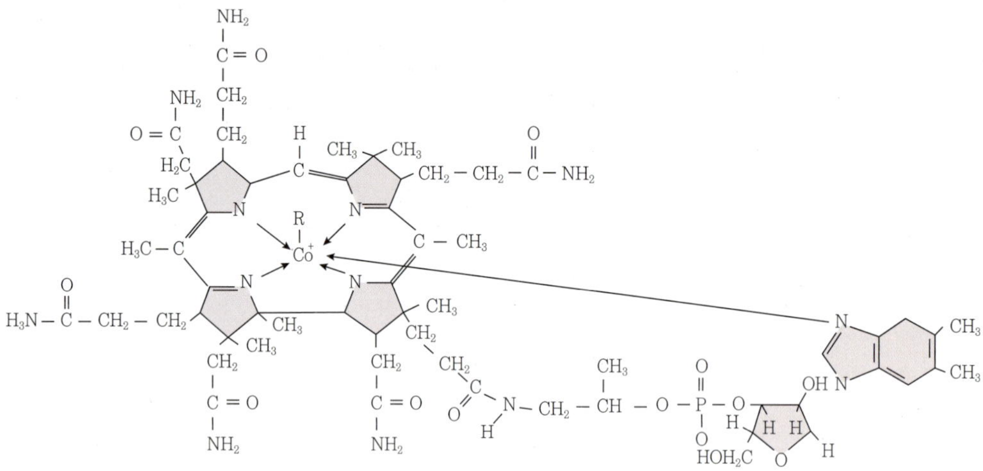

그림 7-7 비타민 $B_{12}$(cobalamin)

## (9) 비타민 C

비타민 C(ascorbic acid)는 비타민 E, 비타민 A, 필수지방산 등의 산화를 방지하며, 철과 칼슘의 흡수를 돕고 엽산의 활성화 과정에 관여한다. 비타민 C는 환원형 L-ascorbic acid(ASA)과 산화형 dehydroascorbic acid(DHA)가 있다. 산화형 비타민 C(DHA)는 환원형 비타민 C(ASA)의 75~80% 정도의 효력을 가진다. 산화형 비타민 C는 불안정하며 더 산화되면 2,3-diketogluconic acid(DKG)가 되어 비타민 C로서의 효력을 상실한다. 비타민 C는 수용액에서는 열에 불안정하고 산화에 의해 쉽게 파괴된다. 일반적인 가열조리에서는 50% 정도의 비타민 C가 분해되고, 철(Fe), 구리(Cu) 등과 같은 금속이온은 비타민 C를 파괴 및 촉진한다. 비타민 C는 동물성 식품에는 거의 없으며 풋고추, 피망, 토마토, 양배추, 무, 딸기 등의 신선한 채소와 귤, 오렌지 등의 과일이 좋은 공급 식품이다.

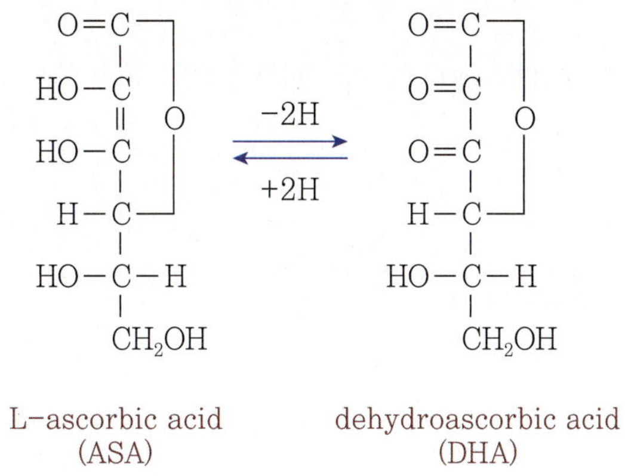


**그림 7-8** L−아스코르브산(L−ascorbic acid) 및 데히드로아스코르브산(dehydroascorbic acid)

**표 7-3** 수용성 비타민의 종류 및 특성

| 비타민 | 화학적 이름 | 결핍증 | 기능 | 과잉 섭취 시 부작용 | 성질 |
|---|---|---|---|---|---|
| $B_1$ | 티아민 (thiamine) | 피로, 권태, 식욕부진, 각기병, 신경염 | • 신경 조절, 식욕증진<br>• 당질 대사에 관여하여 소화액 촉진<br>• 각기 예방 | 졸음이 쏟아지거나 근육이 완화됨, 구토 | • 안정: 산<br>• 불안정: 중성, 알칼리성, 열 |
| $B_2$ | 리보플라빈 (riboflavin) | 리보플라빈결핍증, 구순구각염, 안질, 설염 | • 세포에서 기능하여 플라빈 산소의 기능에 도움<br>• 발육(성장), 점막 보호 | 거의 없음 | • 안정: 열, 산<br>• 불안정: 알칼리, 가시광선 및 자외선 |
| $B_3$ | 니아신 (niacin) | 펠라그라, 니코틴산 결핍증후군, 체중 감소 | • 당 대사 촉진해 에너지 합성 | 간 손상 | • 안정: 열, 빛(광선), 산, 알칼리, 산화제<br>• 조리 및 가공에 의한 손실이 거의 없음. |

| | | | | | |
|---|---|---|---|---|---|
| $B_5$ | 판토텐산 (pantothenic acid) | 피로, 불면, 두통 근육경련, 빈혈, 성장정지, 체중감소 | • 에너지생성<br>• Co A의 생화학적 역할<br>• 지방산 및 스테롤 합성<br>• 헤모글로빈 합성 | 설사, 메스꺼움, 가슴앓이 | • 안정: 광선, 공기<br>• 불안정: 열, 산, 알칼리 |
| $B_6$ | 피리독신 (pyridoxine) | 피부병, 저혈소성 빈혈 | • 아미노산의 이용에 도움<br>• 효소작용을 돕고 신경을 지킴 | 자기 수용 감각 손상, 신경 손상 (하루 100mg 이상 섭취 시) | • 불안정: 빛, 산, 알칼리, 열 |
| $B_7$ | 비오틴(biotin) | 성장정지, 식욕감퇴, 설염, 근육통, 피부건조증(피부염) | • 포도당 합성<br>• 지방산 합성 | | • 안정: 열, 광선, 산<br>• 불안정: 알칼리, 산화 |
| $B_9$ | 엽산 (folic acid) | 설염, 성장장애, 거대적아구성 빈혈 | • 적혈구, 핵산 합성에 관여<br>• 위장, 입 안의 점막 보호 | 비타민 $B_{12}$ 결핍, 말라리아 치료 방해 | • 불안정: 산성, 빛(광선) |
| $B_{12}$ | 코발라민 (cobalamin) | 악성 빈혈, 손발 지각이상 | • 혈액생성, 성장촉진<br>• 효소의 조효소로 작용 | 여드름 같은 발진(원인은 완전히 밝혀지지 않았음) | • 안정: 열, 빛, 산<br>• 불안정: 알칼리 |
| C | 아스코르브산 (ascorbic acid) | 괴혈병, 피하출혈, 체중 감소, 피로, 식욕감퇴 | • 항산화제, 면역기능 향상, 철 흡수 촉진, 인터페론을 유발<br>• 콜라겐을 생성하고 호르몬 합성에 관여<br>• 해독기능 강화 | 설사, 복통, 신장결석 | • 불안정: 열 (산화에 의해 쉽게 파괴) |

CHAPTER

# 08

# 효소

01 효소의 특이성

02 효소의 분류

03 효소 반응에 영향을 주는 인자

04 식품에 관계되는 효소

효소란 극미량으로 여러 가지 복잡한 화학 반응을 촉진하거나 지연시키는 반응에 촉매로 작용하는 복합단백질이다. 또한, 효소는 단백질 분해효소에 의해 분해되며 낮은 온도에서도 효율적으로 작용하기 때문에 식품에서 매우 중요한 작용을 한다.

신선한 식품조직에 함유된 여러 가지 효소는 과일과 채소의 숙성이나 동물의 사후변화 등 식품의 품질에 바람직한 영향을 미친다. 반면 식품에 들어 있는 효소는 저온에서도 활성을 나타내므로 냉장 또는 냉동식품성분의 변화를 일으켜 품질을 저하시킨다.

식품의 저장 및 가공 과정에서 동·식물 또는 미생물에서 얻은 효소를 이용하는 경우가 많다. 파파야에 함유되어 있는 파파인은 육가공 시 육류를 연화시키는 연육화효소로 이용되고, 식혜를 만들 때 엿기름을 사용하는 것은 맥아의 아밀라아제를 이용하는 좋은 예이다.

효소는 단백질로만 구성된 가수분해효소가 있으나 대부분 복합단백질로 구성되어 있다. 단순단백질 부분을 아포효소(apo-enzyme)라 하고 비단백질 부분을 조효소(coenzyme)라 하며, 이들 두 부분이 결합한 형태를 완전효소(holoenzyme)라 한다. 조효소가 없는 효소는 효소 활성을 나타내지 못하며 조효소가 결합할 경우 비로소 본래의 활성을 가지는 완전효소의 역할을 하게 된다.

holoenzyme = apoenzyme + coenzyme
(복합효소) (단백질) (비단백질)

## 1. 효소의 특이성

효소는 특정 기질과 한 가지 반응에만 관여하는 특이성을 가지고 있다. 이를 기질 특이성, 반응 산물 특이성 그리고 광학 특이성으로 구분할 수 있다.

기질 특이성은 절대적 특이성과 그룹 특이성으로 구분한다. 하나의 효소는 특정한 종류의 기질에만 작용하는데 이와 같은 효소는 하나의 기질에만 작용하고 한 가지 반응만을 촉매하는 절대적 특이성을 나타낸다. 반면 하나의 효소가 유사한 성질을 가지는 그룹에 작용할 경우는 그룹 특이성이라 한다.

또한, 효소는 효소 반응의 결과로 특정 산물이 생산되는 반응 산물 특이성을 가지고 있다. 효소는 두 가지의 광학이성질체를 가지고 있는 기질에서 한 가지 기질에서만 작용할 수 있다. 예를 들어 우리 몸에서 소화될 수 있는 아미노산은 L형 아미노산이고 단당류는 D형 단당류이다. 효소와 기질의 결합 특이성은 효소 활성 부위의 정확한 공간 배열에 의

존하기 때문에 반응이 진행될 수 있다 그림 8-1.

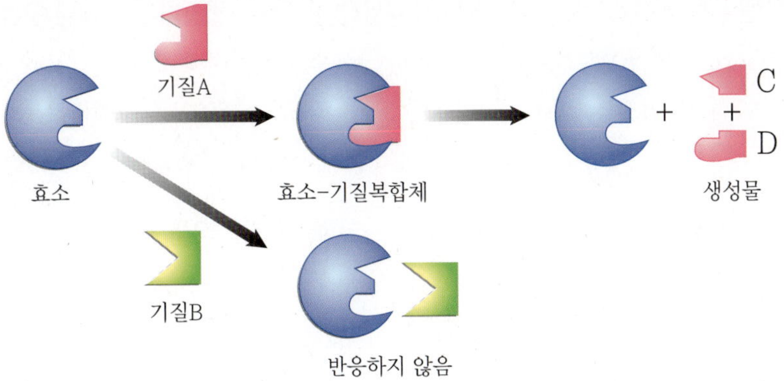


그림 8-1 **효소의 기질특이성**

## 2. 효소의 분류

일반적인 효소의 명칭은 효소의 기질이나 기능과 결부시켜 어미에 '-ase' 로 끝나게 되며 예외적인 경우로 효소의 명칭에는 작용하는 물질의 이름과 관계없이 비교적 오래전부터 사용한 관용적 명칭을 사용한다. 그 예로 단백질 분해효소는 트립신, 펩신과 같이 어미가 '-in' 으로 끝나는 명칭이 있다.

효소는 그 종류가 대단히 많고 성질이나 기능이 복잡하여 여러 가지 분류법이 있으나 국제 생화학연합의 효소위원회(commission of enzyme)에서는 효소를 반응 형식에 따라 6가지로 대분류한 후 계통명과 EC를 사용할 것을 제안하였다. 계통명에는 기질명과 6가지 대분류에 의한 효소명이 포함되며 EC number는 효소마다 네 개의 숫자를 할당하여 기질 및 반응형식에 대한 정보를 제공한다. 효소가 촉매하는 화학 반응의 종류에 따라 산화·환원효소, 전이효소, 가수분해효소, 제기효소, 이성화효소, 합성효소의 여섯 가지로 나뉜다.

**표 8-1 효소의 분류**

| EC number 첫 번째 자리 | 효소 분류 | 반응 형식 |
|---|---|---|
| 1 | 산화 · 환원효소(oxidoreductase) | 산화 · 환원 반응 |
| 2 | 전이효소(transferase) | 원자 또는 원자단을 전이하는 반응 |
| 3 | 가수분해효소(hydrolase) | 화학결합을 가수분해하는 반응 |
| 4 | 분해효소(lyase) | 비가수분해적으로 기질로부터 원자단을 제거하는 반응 |
| 5 | 이성화효소(isomerase) | 이성체로 전환시키는 이성화 반응 |
| 6 | 연결효소(ligase, syntherase) | ATP의 인산기 결합을 분해하면서 두 분자를 결합시키는 합성 반응 |

### 1) 산화 · 환원효소

산화 · 환원효소(oxidoreductase)는 수소 원자, 산소 원자 또는 전자를 다른 기질로 이동시켜 산화 · 환원 반응을 촉매하는 효소를 탈수소효소, 환원효소, 산화효소, 카타라아제, 과산화효소 등이 포함된다.

$$H_2O_2 + H_2O_2 \rightleftarrows O_2 + 2H_2O$$

### 2) 전달효소

전달효소(transferase)란 아래의 반응식과 같이 특정 기질로부터 작용기 또는 원자단을 다른 기질로 전달하는 반응을 촉매 하는 효소를 말하며 산화 · 환원 반응, 가수분해 반응은 제외된다. 'transferase', 'kinase' 로 끝나는 효소들이 여기에 해당한다. 이때 전달되는 원자단은 메틸기, 아미노기, 당류 등이다.

$$A + BX \rightarrow AX + B$$

### 3) 가수분해효소

가수분해효소(hydrolase)란 아래의 반응식과 같이 물 분자가 첨가되면서 다양한 종류의 공유결합을 분해하는 효소를 말한다. 가수분해 되는 결합은 에스테르 결합, 당 결합, 에테르 결합, 펩타이드 결합, C-N 결합 등이며 결합의 종류에 따라 EC number가 결정된다.

$$R\text{-}R' + H_2O \rightleftarrows ROH + HR'$$

### 4) 분해효소 혹은 기제거효소

기제거효소(lysase)란 가수분해 이외의 방법으로 기질에서 특징 그룹을 이탈시키는 효소로 종종 기질에 이중결합을 만든다. 기질 내의 C-C, C-O, C-N, C-S 등의 결합을 분해하며 그 종류에 따라 EC number가 결정된다.

$$\text{histidine} \rightleftarrows \text{histamine} + CO_2$$

### 5) 이성화효소

이성화효소(isomerase)란 기질 분자의 위치적 또는 구조적 전환, 즉 광학, 기하 및 위치 이성체 상호 간의 전환을 촉매하는 효소이다. 다시 말하면 이성체가 존재하는 기질은 한쪽의 이성체에서 다른 이성체로 전환하는 반응을 촉매하며 반응의 종류에 따라 EC number가 결정된다.

$$\text{L-alanine} \rightleftarrows \text{D-alanine}$$

### 6) 연결효소 혹은 합성효소

아래의 반응식과 같이 ATP와 같은 고에너지 인산 화합물의 분해 반응과 병행하여 두 화합물을 서로 결합하는 효소(ligase)를 말한다. 이때 생성되는 결합은 C-O, C-S, C-N, C-C 등이며 그 종류에 따라 EC number가 결정된다.

$$A + B + ATP \rightleftarrows A\text{-}B + ADP + Pi$$

# 3. 효소 반응에 영향을 주는 인자

## 1) 온도

효소 반응에 영향을 미치는 요인 중에서 온도는 중요한 인자이다. 온도가 상승하면 효소의 반응 속도가 증가하며 대부분 효소는 30~40℃에서 최대의 활성을 가지게 된다. 이때 온도를 '최적 온도' 라고 한다. 즉 각각의 효소는 그 효소가 가지고 있는 최적 온도에서 반응이 가장 활발하나 이 온도에서 멀어질수록 활성이 감소하게 된다. 효소는 단백질이므로 온도가 특정 온도 이상이 되면 열변성 때문에 활성이 감소하거나 사라지게 된다. 어떤 효소들은 60~80℃에서도 활성을 잃지 않으나 대부분 효소는 50℃ 이상에서 불활성 되므로 식품을 가공 조리할 때 이 성질을 이용하기 위해 열처리하는 경우가 많다. 예를 들어 과일이나 채소를 가공할 때는 100℃에서 몇 분 동안 데치기 조작을 하여 아스코르브산 산화효소나 폴리페놀 산화효소, 리폭시게나아제 등을 불활성화시켜 식품의 산화를 막아 갈변을 억제하고 비타민 C의 파괴를 방지한다 그림 8-2.

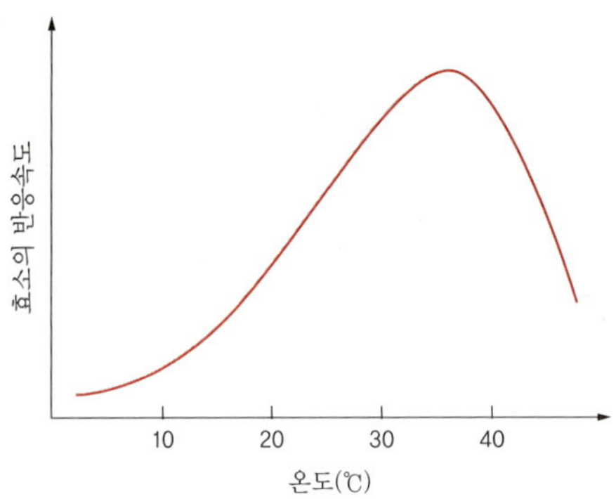


그림 8-2 **온도에 따른 효소의 반응 속도**

## 2) pH의 영향

효소작용은 pH에 의하여 크게 영향을 받으며 대부분 효소는 강산이나 강알칼리에서 불활성화된다. 효소활성이 최대가 되도록 하는 pH를 최적 pH라 하고 최적 pH에서 반응이 가장 활발하나 이 값에서 멀어질수록 효소의 활성이 감소한다. 효소의 최적 pH는 다르지만 대개 pH 4.5~8.0 범위이다. 동일한 반응을 촉매하는 효소라 할지라도 효소의 종류에 따라 서로 다른 최적 pH를 가지고 있다. 예를 들어 위에서 분비되는 단백질 분해효소인 펩신의 최적 pH는 2이지만, 소장에서 분비되는 트립신의 최적 pH는 8이다. 효소의 최적 pH는 완충액의 종류, 기질 및 효소의 농도, 작용 온도 등에 따라 달라진다. 효소를 이용한 식품 가공에는 기질에 대한 효소활성을 안정한 pH 범위로 유지해 주어야 한다 그림 8-3.

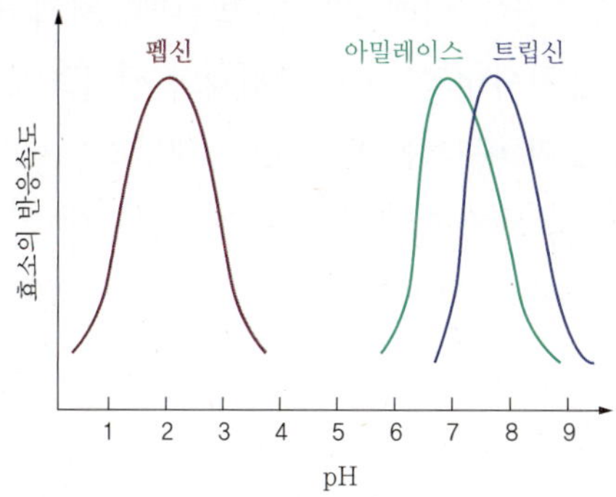


그림 8-3 pH에 따른 효소의 반응 속도

### 3) 효소의 농도와 기질의 농도

효소의 반응 속도는 효소 농도가 낮으면 반응 속도와 효소 농도가 직선적으로 비례한다. 초기 단계는 효소의 농도가 제한 인자이며 각 효소 양에 대응하는 최대의 반응 속도가 얻어지나, 후기 단계에는 기질 농도가 제한 인자가 되며 기질이 증가하지 않으면 반응 속도는 증가하지 않는다. 기질 농도가 낮으면 반응 속도가 기질 농도에 정비례하지만, 기질 농도가 높아지면 정비례하지 않으며 높아져도 더는 증가하지 않고 반응 속도가 일정하게 된다. 이때의 반응 속도를 최대 반응 속도라 하며 Vmax로 표시한다 그림 8-4. 이는 효소의 양이 제한되어 있으면 효소기질복합체의 농도가 더는 증가하지 않아 기질의 농도를 아무리 높여도 효소와 결합할 수 없기 때문이다. 따라서 최대 효소 반응 속도를 유지하기 위해서는 효소 농도와 기질 농도를 조절하여 주는 것이 매우 중요하다.

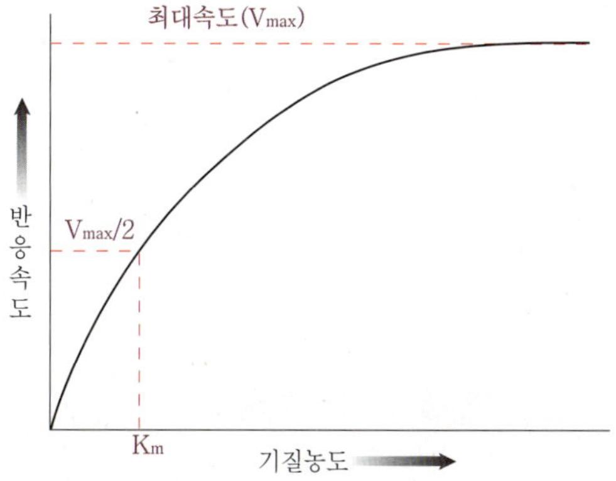


그림 8-4 기질의 농도에 따른 효소의 반응 속도

### 4) 저해제

효소의 작용은 여러 가지 조건에 의해 저해를 받는데, 저해제란 효소와 결합하여 반응 속도를 감소시키는 물질을 총칭하며 가역적 저해제와 비가역적 저해제로 구분한다. 일반적으로 가역적 저해제는 효소와 빠르게 결합 또는 해리하면서 평형 상태에 이르게 되며, 효소와 가역적으로 결합하여 투석에 의하여 제거되는 물질이다.

비가역적 저해제는 효소의 활성 부위와 강하게 결합한 후 해리되지 않기 때문에 더는 효소를 사용할 수 없게 하며, 효소와 강하게 결합하여 투석에 의해서도 제거되지 않는 물질이다.

가역적 저해제는 대체로 경쟁적 저해와 비경쟁적 저해로 나누어 볼 수 있다. 경쟁적 저해란 기질의 구조와 유사한 물질이 기질과 함께 존재하면 기질과 경쟁적 저해제가 효소의 활성 부위를 두고 서로 경쟁하여 효소의 반응이 저해되는 현상을 말한다. 이때는 기질의 농도를 높여주면 효소의 활성이 회복된다. 반면, 비경쟁적 저해는 저해제가 효소의 활성 부위나 다른 중요부위에 결합하여 저해를 일으키는 경우이며, 기질의 농도를 높여주어도 회복되지 않는 경우이다. 이러한 저해제로는 은(Ag), 수은(Hg), 납(Pb)과 같은 중금속이온이나 황화물, 계면활성제와 같은 물질들이 있다.

일찍부터 잘 알려진 저해제로는 대두의 트립신 저해제로 트립신과 키모트립신에 저해작용을 하며, 대두 외에도 모든 콩류와 밀, 쌀, 옥수수 등에도 들어 있다. 난백에 오브뮤코이드와 오브인히비터는 트립신 저해활성이 있다. 오브뮤코이드는 돼지, 양, 소 등의 트립신에는 저해작용을 가지지만 인간의 트립신에는 저해작용을 하지 않는다 그림 8-5 .

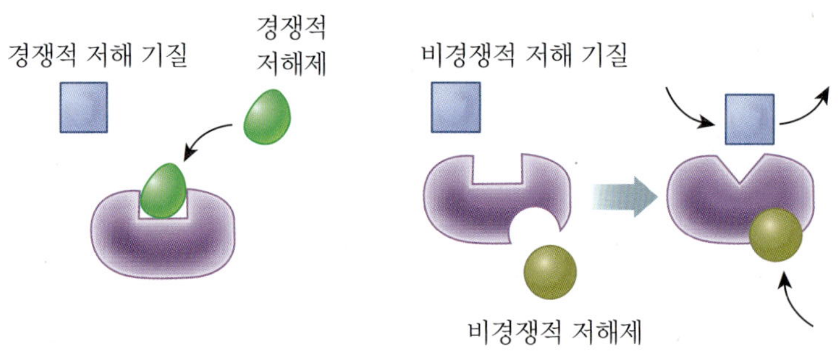


그림 8-5 **가역적 저해제의 작용기전**

# 4. 식품에 관계되는 효소

효소는 식품을 저장 및 가공하는 동안에 식품성분의 화학 반응에 바람직한 영향을 미치는 경우가 있는 반면 그렇지 못한 영향을 미치는 경우가 있다. 식품과 관련된 주요 효소는 대부분 산화 · 환원효소와 가수분해효소이며 효소의 종류에 따라 식품과의 관련성이 다르다.

## (1) 가수분해효소

### 1) 전분분해효소

아밀라아제(amylase)는 식품가공에서 매우 중요한 전분 분해효소이며 $\alpha$-아밀라아제, $\beta$-아밀라아제, 글루코아밀라아제가 있다. 아밀라아제는 제빵, 양조, 물엿 등을 만들 때 이용되며, 과일 숙성에도 중요한 역할을 한다.

#### ① $\alpha$-아밀라아제

$\alpha$-아밀라아제($\alpha$-amylase)는 전분을 구성하는 아밀로오스와 아밀로펙틴의 $\alpha$-1,4 결합을 내부에서 불규칙하게 가수분해하는 엔도효소(endo-type)로 소당류를 생성하는 탄수화물가수분해효소이다. 불투명하고 점성이 높은 전분 호화액을 점성이 낮은 투명한 용액으로 만들어주므로 액화효소라 부르기도 한다. 이 효소에 의하여 아밀로오스와 아밀로펙틴의 혼합물이 가수분해 되면 궁극적으로 덱스트린, 맥아당, 포도당 및 소당류의 혼합물이 된다. 식품산업에 이용되는 $\alpha$-아밀라아제는 대부분 미생물에서 생산되며, 전분당의 가공, 연료용 에탄올의 생산, 제빵 등의 식품산업에 널리 이용된다. 맥주와 포도주를 제조할 때 혼탁을 방지하기 위하여 $\alpha$-아밀라아제를 사용하기도 한다 그림 8-6.

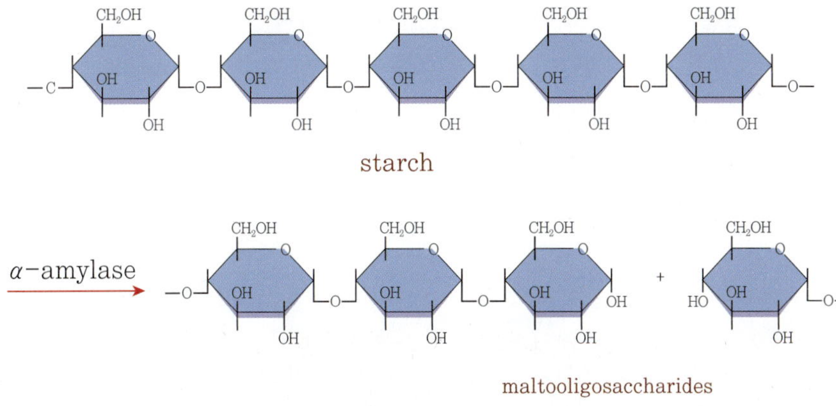


그림 8-6 $\alpha$-아밀라아제의 효소 반응식

② β-아밀라아제

β-아밀라아제(β-amylase)는 전분 또는 말토올리고당의 아밀로오스와 아밀로펙틴의 α-1,4 결합을 비환원성 말단에서부터 맥아당 단위로 가수분해하는 엑소효소(exo-type)이다. β-아밀라아제의 작용으로 생성되는 말토오스가 단맛을 내므로 이 효소를 당화효소라고도 한다. β-아밀라아제는 고구마, 맥아 등의 고등식물에서 주로 발견되며 효소의 최적 pH는 5~7이다. β-아밀라아제는 전분으로부터 말토스 시럽을 생산하는 데 주로 이용되며, 맥주 가공에서 효모가 발효할 수 있는 발효당을 생산하는 역할을 수행한다 그림 8-7.

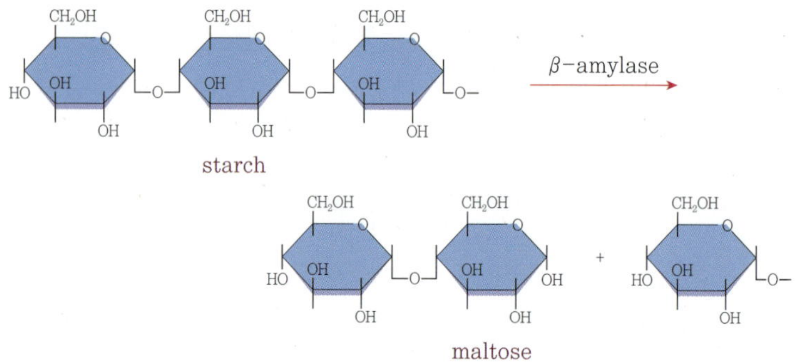


그림 8-7 β-아밀라아제의 효소 반응식

③ 글루코아밀라아제

글루코아밀라아제(glucoamylase)는 전분 또는 말토올리고당의 비환원성 말단으로부터 글루코오스 단위로 가수분해하는 엑소효소(exo-type)이다. α-1,4 및 α-1,6 결합에 모두 작용하는 당화효소이다. 이 효소는 세균과 곰팡이에 들어있으며 전분으로부터 포도당을 생산하는 포도당 산업에 주로 이용된다. 또한 주정 또는 연료용 에탄올을 생산할 때 효모가 이용할 수 있는 발효당을 생산하기 위한 용도로도 활용된다 그림 8-8.

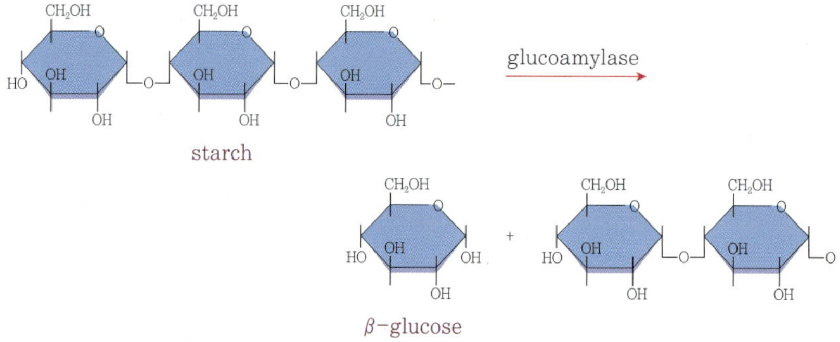


그림 8-8 글루코아밀라아제의효소 반응식

## 2) 2당류 분해효소

### ① 인버테이즈

인버테이즈(invertase)는 설탕을 그 구성당인 D-글루코오스와 D-프럭토오스로 가수분해하는 효소이다. 설탕으로부터 생성된 D-글루코오스와 D-프럭토오스의 동량 혼합물을 전화당(invert sugar)이라 하며 설탕보다 용해도가 높고 결정이 석출되지 않아 인공벌꿀, 초콜릿, 양갱, 아이스크림 등의 가공에 이용된다.

### ② 락타아제

락타아제(lactase)는 젖당을 D-갈락토오스와 D-글루코오스로 가수분해하는 효소이다. 아이스크림, 농축유 중에서 용해도가 낮은 젖당의 결정이 석출되면 맛을 해치므로, 이를 방지하며 감미를 증가시킨다. 또한, 우유 내 젖당의 소화가 어려운 유당불내증 환자를 위하여 우유에 포함된 젖당을 분해하는 용도로 사용된다.

## 3) 펙틴 분해효소

펙틴(pectin)은 갈락트론산이 $\alpha$-1,4 결합으로 연결되어 있는 기본구조를 가지며 갈락트론산의 일부는 C-6의 카르복실기가 메톡실기로 치환되어 있는 화합물이다. 식물의 세포벽에 존재하는 탄수화물로 세포와 세포를 서로 결착 시켜 주는 역할을 한다. 펙틴 분해효소(pectinase)는 고등식물과 미생물에 존재하며 식물의 세포벽에 있는 펙틴 물질을 분해하는 용도로 사용된다. 이 효소는 채소 및 과일을 원료로 가공하는 식품산업에서 여과, 청정 및 수율의 향상을 도와주므로 많이 이용된다.

단백질 분해효소는 치즈의 생산, 단백질 가수분해물의 생산, 육류의 연화, 맥주 및 와인 제조 시 혼탁 방지 등의 용도로 식품산업에 널리 사용된다.

## 4) 헤스페리디나아제

덜 익은 과일 특히 감귤류 껍질에 있는 헤스페리딘(hesperidin)은 과즙이나 통조림을 만들었을 때 흰 앙금을 생성시켜 상품가치를 떨어뜨리는 원인이 된다. 헤스페리디나아제(hesperidinase)는 헤스페리딘을 가수분해하여 백탁을 방지한다. 통조림을 만들 때 산이나 알칼리로 처리하여 껍질을 벗기고 물로 씻을 때 이 효소에 의해 헤스페리딘을 전부 용해할 수 있다.

### 5) 단백질 분해효소

단백질 분해효소는 단백질의 펩타이드 결합을 가수분해하여 펩타이드나 아미노산을 생성하는 기능을 하고 있다. 단백질을 분해하는 활성을 가진 효소들의 총칭으로 프로테아제(protease) 또는 프로티나아제(protinase)로 불리기도 한다. 단백질 분해효소는 단백질 분자 내부의 펩타이드 결합을 분해하는 엔도펩티다아제(endopeptidase)와 유리 아미노기 또는 카르복실기의 펩타이드 결합에 작용하여 맨 끝의 펩타이드를 분해하는 엑소펩티다아제(exopeptidase)로 분류할 수 있다.

#### ① 펩신

펩신(pepsin)은 동물의 위장에서 분비되는 단백질 분해효소로 펩시노겐의 형태로 체내에 분비된 후 염산에 의해 펩신으로 활성화되어 산성 아미노산과 방향족 아미노산을 가수분해하는 엔도펩티다아제이다. 최적 pH는 1.5~2.0의 강산성이며 중성이 되면 활성화되지 않는다.

#### ② 레닌

레닌(rennin)은 송아지의 제4 위점막에서 존재하는 효소이며 우유에 존재하는 단백질 중 카제인을 부분적으로 가수분해하여 파라카제인을 생성하는 작용을 한다. 파라카제인은 불용성의 커드로 응고시켜 침전되며 이는 치즈 제조의 가장 기본이 되는 단계이다.

#### ③ 식물성 단백질 분해효소

파파야에 함유된 파파인, 파인애플에 함유된 브로멜라인 및 무화과에 함유된 피신은 대표적인 식물성 단백질 분해효소이다. 이 효소들은 육가공 시 육류를 연화시키는 연육화효소, 맥주 등의 혼탁제거에 이용된다.

### 6) 지질 분해효소

#### ① 리파아제

리파아제(lipase)는 중성지질의 에스테르 결합을 가수분해하는 효소이다. 리파아제는 일차적으로 중성지질의 에스테르 결합부터 단계적으로 가수분해시킨다 그림 8-9.

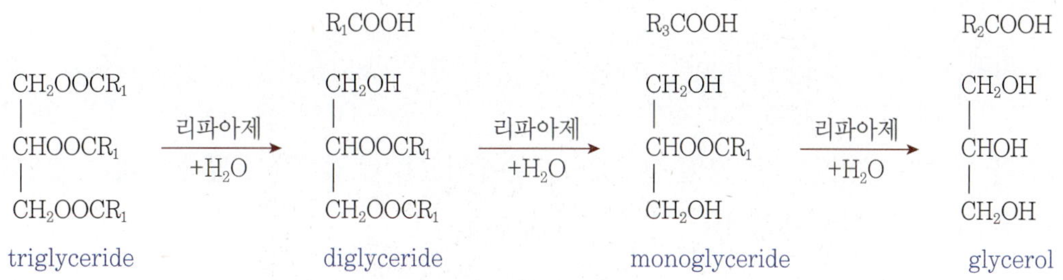


**그림 8-9** 리파아제작용 기전

리파아제는 유지 식품에서 유리지방산을 생성하므로 산패의 원인이 된다. 리파아제는 우유의 지방을 가수분해하여 유리지방산인 부티르산(butyric acid)을 유리시켜 변패취의 원인이 되며 신맛을 생성하여 우유의 품질을 떨어뜨린다. 묵은 쌀에서 좋지 않은 냄새가 나는 것도 이러한 이유 때문이다. 반면, 이러한 리파아제의 작용을 오히려 바람직하게 이용하기도 한다. 치즈 가공 시 리파아제의 효소 활성은 블루치즈와 같은 고유한 향미성분을 제공하며 초콜릿 제조 시에도 향미를 증진하기도 한다.

**② 리폭시다아제**

리폭시다아제(lipoxidase)는 주로 두류, 곡류, 무 등의 식물체 중에 존재하며 리놀레산, 리놀렌산 및 아라키돈산 등과 같은 불포화지방산을 산화시켜 불포화지방산의 하이드로과산화물(hydroperoxide)을 생성시킨다. 이 효소는 식물성 유지의 산패를 유발하여 이취를 발생시키며, 특히 땅콩, 대두 등과 같은 두류 식품에 문제를 일으킨다. 또한, 과일이나 채소류를 저장하고자 할 때는 데치기를 하여 리폭시다아제를 불활성시켜서 비타민과 카르틴, 클로로필, 안토시안 등의 색소 파괴 억제뿐만 아니라 향미 손상을 막을 수 있다.

## (2) 산화 · 환원효소

### 1) 글루코스 산화효소

글루코스 산화효소(glucose oxidase)는 곰팡이에서 분리되며, 산소의 존재하에서 $\beta$-D-glucose를 $\delta$-D-글루코노락톤(gluconolactone)으로 산화시키는 효소이다. 주로 당류 중 포도당만을 선택적으로 산화시키며 식품에 포함된 포도당과 산소를 제거하여 식품의 산패나 갈변 반응을 방지하기 위한 목적으로 카탈레이스와 함께 사용된다. 전지분유, 커피, 코코아, 육류, 유제품 등에 이용된다.

### 2) 폴리페놀 산화효소

폴리페놀 산화효소(polyphenol oxidase)는 효소적 갈변 반응에 관여하는 효소로 산소가 존재할 때 과일이나 채소의 조직에 들어 있는 폴리페놀 화합물에 작용하여 퀴논 및 산화물을 생성한다. 이 효소는 과일이나 채소가 손상되었을 때 갈변을 유발하는 데 결정적인 역할을 하지만 차나 커피에서는 유익하게 작용한다.

### 3) 티로시나아제

티로시나아제(tyrosinase)는 폴리페놀 산화효소와 마찬가지로 채소류, 과일류 특히 감자의 갈색화에 관여한다. 감자 등에 함유된 아미노산의 일종인 티로신은 티로시나아제에 의해 흑갈색의 멜라닌 색소를 형성하여 갈변이 된다. 버섯류, 채소, 과일, 특히 감자류에 많이 존재한다. 구리를 함유하는 산화효소로 구리이온에 의해서 더욱 활성화되며 염소이온은 효소에 대해 억제작용을 한다.

### 4) 아스코르브산 산화효소

아스코르브산 산화효소(ascoribate oxidase)는 구리를 함유한 효소로 비타민 C의 산화를 촉매한다. 산소의 존재 하에서 아스코르브산(L-ascorbic acid)을 산화시켜 데하이드로아스코르브산과 물을 생성하는 효소로 식품에서 널리 분포되어 있다. 이 효소에 의해서 과일 및 채소 저장 중 아스코르브산에 의한 갈변 반응과 비타민 C의 활성이 낮아지게 된다. 따라서 과일주스를 제조할 때는 될 수 있는 한 낮은 온도에서 빨리 착즙한 후 마지막으로 살균 처리하여 이 효소를 불활성화시킴으로써 아스코르브산 손실을 막을 수 있다 그림 8-10.

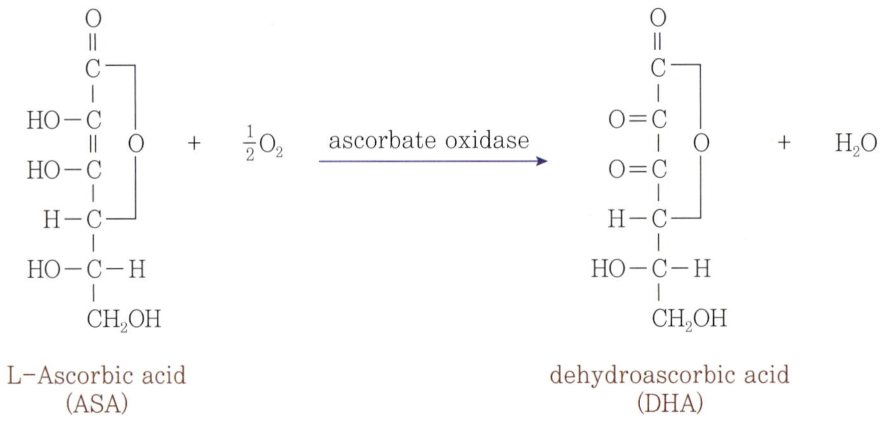


**그림 8-10** 아스코르브산 산화효소의 반응식

CHAPTER 09

# 식품의 색

식품은 종류에 따라 천연의 아름다운 색을 지니고 있어 식품 고유의 특징을 나타내고 식욕에 영향을 줄 뿐 아니라 식품의 신선도를 판단할 수 있는 일차적인 기준이 되기도 한다. 밝고 선명한 신선식품의 색이 가공이나 장시간의 저장을 통해 색깔이 변하거나 파괴로 인해 변색하기도 하며 때로는 식품 내 성분들의 상호작용으로 새로운 색소들이 형성되기도 한다. 따라서 식품의 변색은 품질변화와 영양가의 변화를 판정하는 기준이 될 수 있다.

식품의 색소가 발색이 되기 위해서는 색소 분자 내에 일정한 원자단이 반드시 하나 이상 있어야 하는데 이를 발색단이라 한다. C=O, -N=N-, -C=C-, $NO_2$, -NO, -C=S 과 같은 원자단이 발색의 기본이 되는 원자단들이다.

식품의 색은 크게 출처에 따라 식물성과 동물성 색소로 분류한다. 식물성 색소는 다시 용해도에 따라 유색체에 존재하는 지용성 색소들과 액포에 녹아 있는 수용성 색소들로 나누어진다. 지용성 색소는 클로로필류와 카로티노이드들이며, 수용성 색소는 플라보노이드계 색소이다. 수렴성의 탄닌은 보통 무색투명의 교질 상태로 존재하나 쉽게 산화되어 갈색 또는 흑갈색의 불용성 물질로 변한다. 동물성 색소에는 동물 혈액에 존재하는 헤모글로빈과 근육조직에 존재하는 미오글로빈이 있다. 난황이나 우유에도 카로티노이드 색소들이 존재한다.

**표 9-1 천연식품 색소의 분류**

| 출처 | 특성 | 색소 | 식품 |
|---|---|---|---|
| 식물성 색소 | 지용성 | 클로로필 | 녹색 채소, 과일 |
| | | 카로티노이드 | 등황색 · 녹색 채소, 과일 |
| | 수용성 | 플라보노이드<br>(안토잔틴, 안토시아닌) | 백색 · 자색 채소 과일 |
| | | 플라보노이드(탄닌류) | 곡류, 과일류, 채소류 |
| 동물성 색소 | | 헤모글로빈 | 동물의 혈액 |
| | | 미오글로빈 | 동물의 근육조직 |

한편, 식품의 색소는 출처에 따른 분류 외에 화학구조에 따라서도 4가지로 구분할 수 있다. 테트라파이롤(tetrapyrrole) 유도체는 4개의 파이롤핵이 결합한 것으로 클로로필, 헤모글로빈, 미오글로빈 색소의 기본구조를 이룬다. 이소프레노이드(isoprenoid)는 다수의 공액이중결합에 의한 발색단을 이루고 있으며 카로티노이드가 속한다. 벤조파이렌에는 플라보노이드계열 색소가 속하며 기타 색소에는 캐러멜, 멜라노이딘 등과 같이 식품의 갈변을 통해 2차적으로 생성된 색소가 포함된다.

# 1. 식물성 색소

## (1) 클로로필

클로로필(chlorophyll)은 식물체의 청록색 색소로 광합성이 이루어지는 엽록소이다. 카로티노이드와 함께 단백질 또는 지단백질과 결합한 상태로 존재하는 지용성 색소로 물에 녹지 않으나 아세톤, 에테르, 벤젠 등에는 잘 녹는다.

### 1) 클로로필의 구조

클로로필에는 클로로필 a, b, c, d가 있는데 고등식물에서 청녹색의 클로로필 a와 황녹색의 클로로필 b는 3:1 정도의 비율로 존재한다. 클로로필 c와 d는 주로 해조류에 들어있다. 클로로필은 4개의 파이롤(pyrrole)핵이 메틸기에 의해 서로 결합한 포르피린(porphyrin)환의 중심에 마그네슘이 있고, 파이톨(phytol)잔기 부분 및 메탄올 부분 등을 포함한 복잡한 구조이다 그림 9-1.

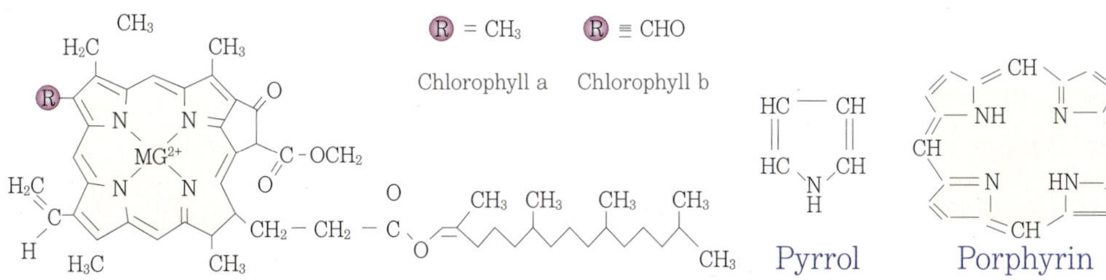


그림 9-1 클로로필의 구조

### 2) 산에 의한 변화

클로로필은 산과 반응하면 중심의 마그네슘이 수소와 치환되어 갈색의 페오피틴(pheophytin)이 된다. 산의 작용이 지속되면 메틸 에스테르기도 떨어져나가 갈색의 페오포비드(pheophorbide)가 된다. 강산으로 처리 시에도 마그네슘과 파이톨이 동시에 떨어져 페오포비드를 형성하여 변색한다.

김치나 오이피클 등이 시간이 지남에 따라 갈색으로 변하는 것은 발효에 의해 생긴 초산이나 젖산이 클로로필에 작용하여 페오피틴이 생성되기 때문이다. 이와 같은 변색을 억제하기 위해서는 휘발성 산을 신속히 증발시켜 클로로필과 산의 접촉시간을 짧게 하는 것이 좋다. 즉, 녹색 채소의 가열조리 시에는 녹색 채소를 넣고 난 후 처음 2~3분간은 뚜껑을 열고 고온 단시간 가열하는 것이 좋으며, 녹색 채소의 초무침 요리 시에는 식탁에 올려놓기 직전에 식초를 넣고 무치는 것이 좋다.

### 3) 알칼리에 의한 변화

클로로필이 알칼리에 의해 파이톨기가 떨어져 나가면 녹색의 클로로필라이드(chlorophyllide)가 되고 메틸에스테르(methyl ester) 결합까지 가수분해 되면 진한 녹색의 수용성 클로로필린(chlorophyllin)이 된다. 자연식품에서 알칼리성인 경우는 거의 없기 때문에 실제 자연식품 중에서 이와 같은 변화는 보기 어려우나 녹색 채소를 데칠 때 중탄산나트륨과 같은 알칼리를 소량 가하면 선명한 녹색을 보존할 수 있다. 다만, 중탄산나트륨에 의해 채소에 함유된 비타민 C를 비롯한 알칼리에 불안정한 비타민들이 파괴되거나 채소의 조직이 지나치게 연화되는 단점이 있다. 따라서 조리 시에는 일반적으로 소금을 첨가하여 녹색을 안정화한다.

### 4) 클로로필라아제에 의한 변화

클로로필라아제(chlorophyllase)는 식물조직에 분포된 효소인데 조직이 손상되고 파괴되면 노출되어 클로로필에 작용하게 된다. 이때 파이톨기를 선택적으로 가수분해하여 선명한 녹색인 클로로필라이드(chlorophyllide)를 형성한다. 더 나아가 클로로필라이드가 마그네슘을 잃으면 갈색의 페오포비드(pheophorbide)가 만들어져 녹색을 잃고 갈변할 수도 있다.

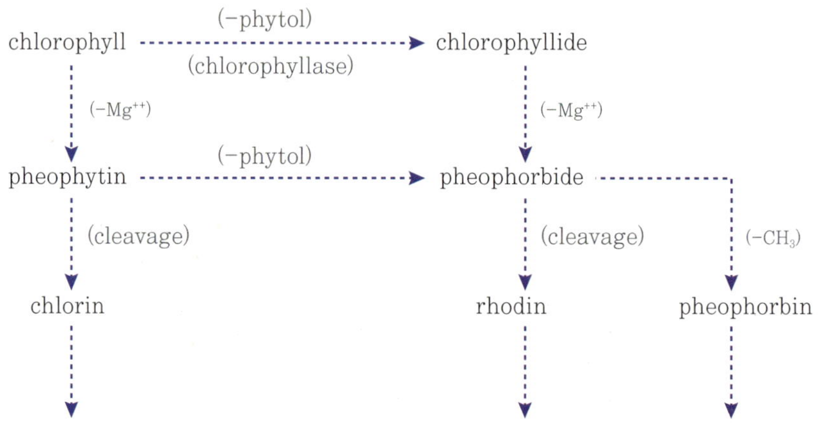


그림 9-2 클로로필의 산, 알칼리 및 효소에 의한 변화

### 5) 가열에 의한 변화

채소를 물속에서 끓일 때는 이들 채소 조직의 부분적인 파괴로 액포 내에 존재하던 휘발성 및 비휘발성 유기산들이 유리된다. 이러한 유기산들이 클로로필과 반응하여 페오피틴을 생성하기 때문에 녹색 채소를 천천히 오래 삶으면 갈색으로 변한다. 과일이나 채소를 데칠 때 고온에서 단시간 가열하는 것이 서서히 오래 가열하는 것보다 클로로필의 색깔 유지가 잘 되는 것으로 알려졌다.

### 6) 금속에 의한 변화

구리(Cu)나 철(Fe) 등은 클로로필 분자 중의 마그네슘이온과 치환되어 구리-클로로필(청록색) 또는 철-클로로필(갈색)의 치환체를 형성한다. 이들은 매우 안정하여 가열해도 그 선명한 색깔을 그대로 유지할 수 있을 뿐 아니라 녹색 채소가 산의 작용에 의해 갈색의 페오피틴으로 변한 경우에도 구리염류를 첨가하면 페오피틴의 수소이온이 구리이온으로 치환되어 짙은 청록색을 갖게 할 수 있다. 예를 들어 완두콩 통조림 제조 시 소량의 황산구리를 넣으면 가열살균 시의 변색을 억제하기 때문에 완두콩의 녹색을 그대로 유지할 수 있어 우리나라를 비롯한 대부분의 나라에서 150ppm까지 허용되고 있다.

## (2) 카로티노이드

카로티노이드계 색소는 동물성, 식물성 식품 및 미생물계에도 널리 존재하는 황색, 오렌지색, 적색의 지용성 색소로 물에는 녹지 않고 유기용매에 잘 녹는다. 당근(carrot)에서 얻어진 색소라 하여 카로티노이드(carotenoids)라 명명하게 되었다.

### 1) 분류

카로티노이드의 분자구조는 이소프렌 구성단위($CH_2$=C-CH=$CH_2$)가 8개 결합하여 형성된 테트라터펜(tetraterpene) 구조로 분자 내에 많은 이중결합을 포함하고 있다. 산소를 포함하지 않는 카로틴류(carotene)와 산소를 포함하고 있는 잔토필류(xanthophyll)로 구분한다 그림 9-3.

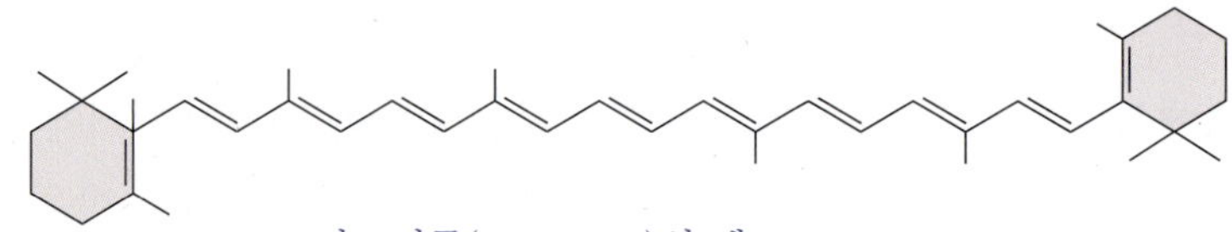

카로틴류(carotene)의 예: β-carotene

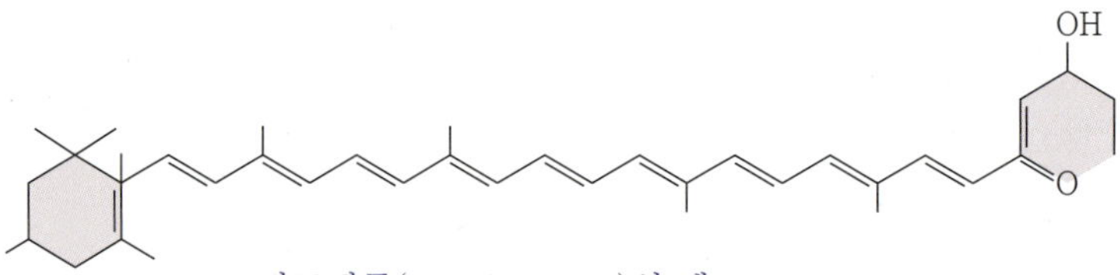

잔토필류(xanthophyll)의 예: capsanthin

**그림 9-3 카로티노이드의 분류와 구조**

#### ① 카로틴류

카로틴계(carotene) 색소는 석유 에테르에는 녹으나 알코올에는 잘 녹지 않으며, α-카로틴, β-카로틴, γ-카로틴, 라이코펜 등이 있다. α-, β-, γ-카로틴은 체내에서 분해되어 비타민 A의 효과를 나타낸다. α-카로틴은 고추와 당근에 많고 한 분자의 비타민 A를 형성한다. β-카로틴은 채소류에 널리 분포하는 노란색 색소이며 체내에서 두 분자의 비타민 A가 될 수 있는 프로비타민 A이다. γ-카로틴은 당근을 비롯한 채소류나 감귤류에 많으며 라이코펜은 토마토의 빨간색을 나타내는 색소로 비타민 A의 전구체로서의 효력은 없다.

#### ② 잔토필류

잔토필계(xanthophyll) 색소는 알코올에는 녹으나 석유 에테르에는 녹지 않으며, 카로틴계 색소의 산화 유도체이다. 루테인(lutein)은 노란색을 지닌 색소로 옥수수, 밀, 달걀에 많고 크립토잔틴(cryptoxanthin)은 오렌지, 감, 딸기, 노란 옥수수 등에 있으며 1분자의 비타민 A를 생성할 수 있어 프로비타민 A이다. 캅산틴(capsanthin)은 고추의 붉은 색소, 아스타잔틴은 바닷가재, 새우, 연어 등의 붉은 색소성분이다. 아스타잔틴(astaxanthin)은 원래 빨간색이나 동물조직 내에서는 단백질과 결합하고 있어 청색 또는 회녹색을 나타낸다. 그러나 새우나 게 등을 가열조리 하면 아스타잔틴과 결합하고 있던 단백질이 변성되면서 아스타잔틴이 떨어져 나온다. 아스타잔틴은 가열에 의해 아스타신으로 산화되어 짙은 붉은색을 나타내게 된다.

### 2) 산, 알칼리에 의한 변화

카로티노이드계 색소는 물에 녹지 않으며 약산과 약알칼리에는 파괴되지 않을 뿐만 아니라 열에도 비교적 안정하며 조리 과정 중에 손실은 거의 없다. 그러나 많은 공액이중결합을 가지고 있어 산화에는 매우 약하다. 공기 중의 산소나 산화효소에 의해 쉽게 산화되어 퇴색하고, 햇빛은 산화를 촉진한다. 특히 불포화지방산이 같이 있으면 자동산화에 의해 더욱 촉진되기도 하나 천연식품 중에는 항산화성분이 공존하는 경우가 많아서 비교적 안정하다. 카로티노이드계 색소의 변색을 방지하기 위해서는 산소의 차단이 가장 중요하며 햇빛에 의한 산화 촉진을 막기 위해 적절한 포장재료나 용기를 사용하는 것도 중요하다.

## (3) 플라보노이드

넓은 의미의 플라보노이드(flavonoid)계 색소는 안토잔틴, 안토시아닌, 탄닌, 카테킨 및 루코안토시안 등을 포함하지만, 좁은 의미로는 보통 안토잔틴만을 지칭한다. 이들은 모두 2개의 벤젠핵이 3개의 탄소로 연결된 $C_6-C_3-C_6$의 탄소골격을 기본구조로 갖는다. 식물계에 광범위하게 분포되어 있는 황색의 수용성 색소이다 그림 9-4.

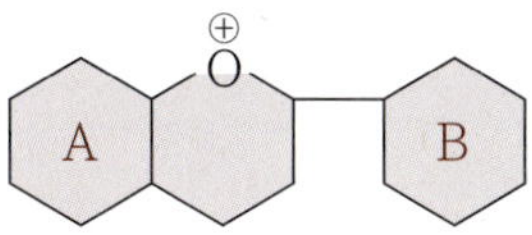

그림 9-4 플라보노이드의 기본구조

### 1) 안토잔틴

안토잔틴(anthoxanthin)은 담황색 내지 황색의 색소로 물에 잘 녹는다. 식물체에서 유리 상태로 존재하는 일은 드물고 당류와 결합한 배당체(glycoside)로 존재한다. 안토잔틴은 구조에 따라 플라본, 플라보놀, 플라바논, 플라바놀 및 이소플라본 등으로 세분한다. 안토잔틴 중에서 퀴세틴은 양파에 많고 헤스페리딘은 감귤류의 과즙에 많다. 특히 헤스페리딘은 모세혈관의 투과성을 유지하는 데 필요한 물질로 알려져 비타민 P라고도 한다. 나린진도 감귤류의 주요 색소성분이며 쓴맛을 나타낸다 그림 9-5.

안토잔틴은 산에는 안정하나 알칼리와 산화에는 불안정하다. 약산성에서는 무색이고, 알칼리성에서는 황색을 띠며, 산화하면 갈색이 된다. 특히 헤스페리딘은 알칼리에서 칼콘형이 되어 짙은 황색, 갈색을 띤다. 밀가루에 중탄산나트륨을 첨가하여 빵이나 튀김옷을 만들면 황색이 진해진다. 가열에도 약하여 배당체가 가수분해 되어 더욱 짙은 노란색을 나타낸다. 삶은 감자나 양배추 등이 더 진한 황색으로 변하는 것도 이 때문이다.

금속 중에서 주석과 결합하면 복합체를 형성하나 뚜렷한 색깔의 변화는 없다. 철과 결합하면 처음에는 녹색을 나타내지만, 곧 흑갈색으로 변한다.

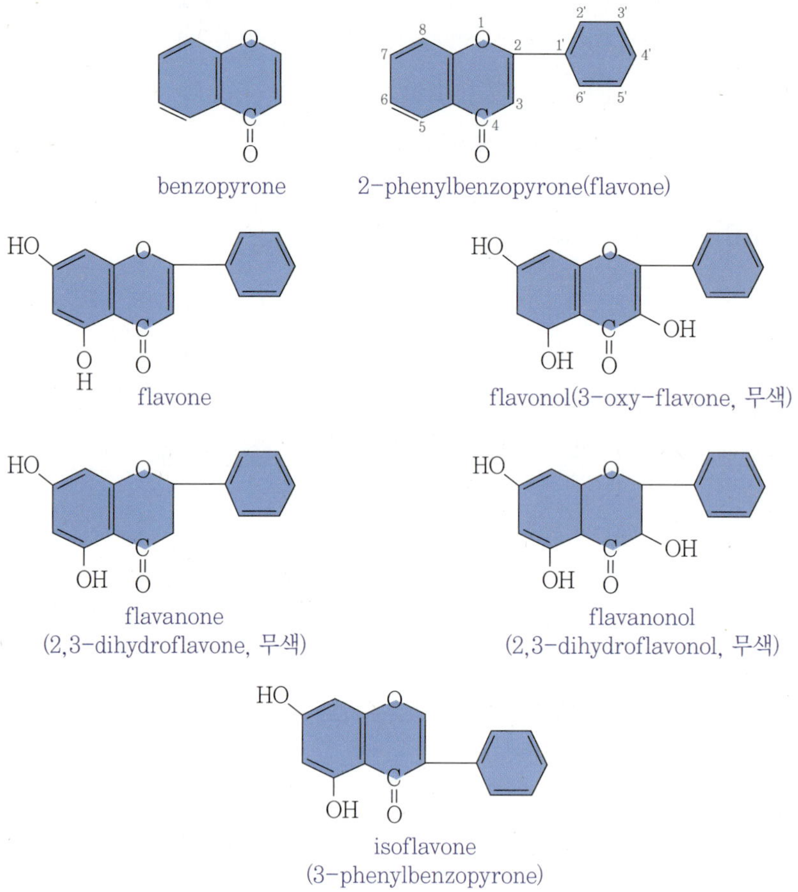


그림 9-5 **플라보노이드의 분류**

## 2) 안토시아닌

안토시아닌(anthocyanin)은 포도, 딸기, 블루베리 등과 같은 과일이나 채소 등에 존재하는 선명한 적색, 자색 또는 청색의 색깔을 가진 수용성 색소로서 넓은 의미로 플라보노이드 색소에 속한다. 안토시아닌 색소도 대부분이 당과 결합한 배당체로 존재하는데 산, 알칼리 또는 효소에 의해 쉽게 가수분해 되며 비당부분(아글리콘)을 안토시아니딘이라 한다.

안토시아닌은 식품에 아름다운 색깔을 부여할 뿐 아니라 항산화제로서의 작용을 하는 것으로도 잘 알려졌다. 적포도주나 과일주 등에 함유된 안토시아닌의 생리 활성에 대한 연구도 활발하게 이루어지고 있다.

안토시아니딘을 벤젠환의 수산기의 개수 및 일부 수산기의 메틸화된 메톡실기($-OCH_3$)에 따라 펠라고니딘(pelargonidin), 시아니딘(cyanidin) 및 델피니딘(delphinidin)으로 나뉜다. 이 중 펠라고니딘의 적색이 가장 강하며 시아니딘, 델피니딘의 순서로 적색이 약해지고 청색이 강해진다.

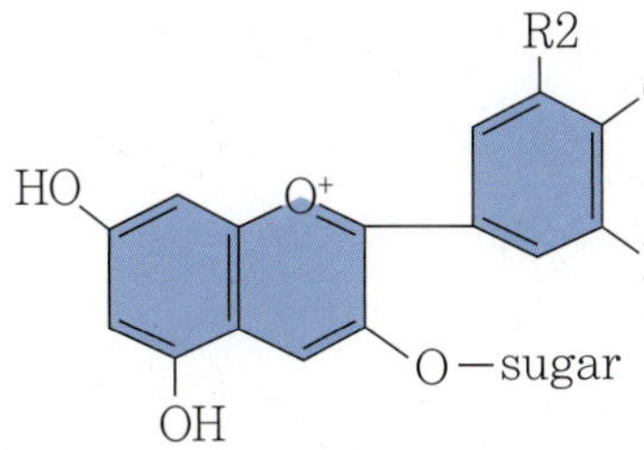


sugar = glucose, arabinose, galactose

| Anthocyanidin | R1 | R2 | λ max(nm) |
|---|---|---|---|
| Pelargonidin | H | H | 520 |
| Cyanidin | OH | H | 535 |
| Peonidin | $OCH_3$ | H | 532 |
| Delphinidin | OH | OH | 546 |
| Petunidin | $OCH_3$ | OH | 543 |
| Malvidin | $OCH_3$ | $OCH_3$ | 542 |

**그림 9-6 안토시아닌의 구조와 종류**

안토시아닌 색소는 조리 및 가공과정에서 다음과 같은 요인들에 의해 영향을 받는다.

### ① pH

pH는 안토시아닌의 안정성에 큰 영향을 주는 요인이다. 산성에서는 양이온, 알칼리성에서는 음이온으로 존재하는 양성 물질(amphoteric substance)이며 그 색깔은 pH에 따라 크게 달라진다. 산성에서는 적색, 중성에서는 무색이나 자색을 나타내며, 알칼리성에서는 청색을 나타낸다. 이와 같은 성질을 이용하여 레드캐비지(적채)로 샐러드를 만들 때 식초를 조금 넣은 물에 담그면 아름다운 적색을 유지할 수 있다.

### ② 금속

안토시아닌 색소는 각종 금속이온과 다양한 색의 복합체를 형성한다. 대개는 회색이나 갈색 등 원래의 산뜻한 안토시아닌과는 다른 색으로 변색하므로 바람직한 현상이 아닌 경우가 많다. 구리나 철 등의 금속들은 안토시아닌의 퇴색을 촉진하며 주석이나 알루미늄 등은 퇴색작용이 약한 것으로 알려졌다.

### ③ 산소

안토시아닌은 산소에 약하여 쉽게 갈색화 된다. 과일, 과즙 또는 오래된 포도주가 산화되면 갈변하는 것도 이 때문이다. 과일통조림 제조 시 갈색화 억제를 위해 비타민 C를 첨가하기도 한다.

#### ④ 당류

설탕, 포도당, 과당 등의 당이 존재하면 안토시아닌의 파괴가 촉진된다. 당류의 분해물들이 존재하면 그 파괴 속도가 더욱 빨라진다.

### 3) 베탈레인

사탕무, 레드비트(red beet), 순무 등에 함유된 빨간색의 색소는 과거 안토시아닌 계열의 색소로 오인되었으나, 현재는 색소의 계통이나 질소를 함유한 구조적 특징 등으로 보아 안토시아닌과는 전혀 다른 베탈레인(betalains)류로 분류되고 있다. 빨간색의 베타시아닌류와 노란색의 베타잔틴류로 구분한다. 베탈레인이 안토시아닌과 구분되는 가장 큰 화학적인 특징은 추출용매의 차이에 있다. 안토시아닌은 메탄올로 잘 추출되나 물에는 추출되지 않는 반면 베탈레인은 물에는 안 되고 메탄올에 잘 추출된다.

### 4) 탄닌

탄닌(tannin)은 폴리페놀성 화합물들을 지칭하는 매우 방대한 개념의 그룹으로 식물의 줄기, 잎, 과일, 채소, 종자 및 특히 미숙한 과일, 차, 커피 등에 많이 함유되어 있다. 탄닌 자체는 무색이지만 산화되면 갈색, 흑색 또는 짙은 홍색 등의 색깔로 변화되어 특유의 색깔을 나타낸다. 색소로의 역할 외에도 수렴성이 있어 떫은맛을 나타내는 맛성분일 뿐만 아니라 항산화 및 항균작용 등의 생리 활성을 지닌 물질이다. 탄닌은 과일이 익으면 산화·중합되어 불용성 물질로 전환되므로 떫은맛과 수렴성이 소실된다.

탄닌의 대표적인 색소인 카테킨류에는 카테킨과 갈로카테킨이 있으며 찻잎에 많이 함유되어 있다. 카테킨류는 무색이지만 폴리페놀옥시다아제에 의해 쉽게 산화하여 갈변한다. 홍차 특유의 색소인 테아플라빈은 발효과정에서 카테킨과 갈로카테킨이 폴리페놀옥시다아제의 작용으로 생성된 것이다.

루코안토시안도 채소, 과일에 널리 분포하며 클로로젠산은 커피콩, 감자, 사과, 포도 등에 분포하여 효소적 갈변의 기질로 작용한다. 과일이나 채소 통조림의 뚜껑을 개봉한 후 청록색 등으로 변색이 일어나는 것은 이들이 통조림통의 철이온과 반응하기 때문이다.

탄닌은 공기 중에 쉽게 산화·중합되어 흑갈색의 중합체를 형성하고, 단백질 및 금속이온과 결합하면 침전을 생성하여 과즙이나 과일주가 혼탁해지는 원인이 된다. 또한, 금속과 복합염을 형성하면 회색, 갈색, 적색, 청록색으로 변색한다. 떫은 감을 철제 칼로 깍을 때 암갈색으로 변하는 것은 탄닌이 철과 반응하기 때문이다. 또한, 차를 우려내는 물로 경수를 쓰면 경수 중의 칼슘 및 마그네슘이온이 탄닌과 결합하여 적갈색의 침전을 형성한다.

## 2. 동물성 색소

동물성 식품의 색에는 혈액 색소인 헤모글로빈, 육색소인 미오글로빈 그리고 일부 동물성 카로티노이드 색소가 포함된다. 미오글로빈과 헤모글로빈은 헴(heme)과 글로빈(globin)이 결합한 공통구조를 지닌다. 헤모글로빈이 체내에서 산소의 운반체로 작용하는 데 반해 미오글로빈은 조직 내에서 산소의 저장체로 작용한다.

### (1) 미오글로빈

#### 1) 미오글로빈의 구조

미오글로빈(myoglobin)은 헴(heme)라 불리는 철이 함유된 포피린(porphyrin)환에 단백질인 글로빈(globin)이 결합한 복합단백질성 붉은색 색소로 육류의 근육에 함유되어 있다. 글로빈 폴리펩타이드 사슬 1개와 헴 분자 1개가 결합하고 있으며 헴 부분의 중심부에 있는 철이온은 공기 중의 산소와 결합할 수 있는 상태로 존재한다 그림 9-7. 미오글로빈은 헤모글로빈보다 분자 상 산소와의 결합력이 훨씬 강하여 근육조직에 필요한 산소를 저장하는데 유리하다.

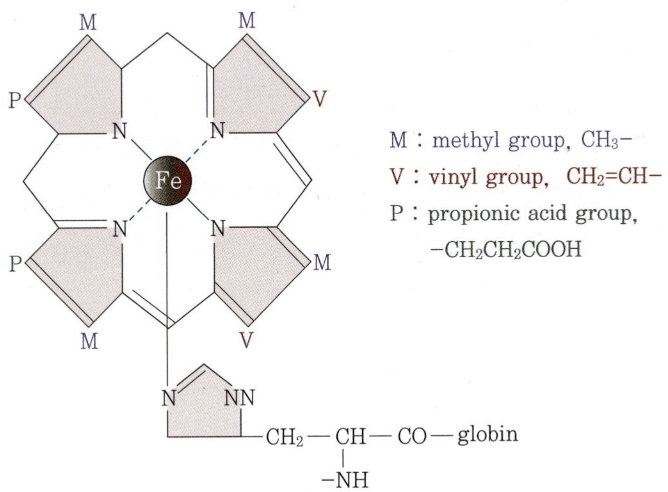


그림 9-7 **미오글로빈의 구조**

#### 2) 산화에 의한 변화

신선한 육류에서 미오글로빈은 $Fe^{2+}$(제1철) 상태로 환원형의 상태로 존재한다. 그런데 이 미오글로빈은 분자 상의 산소와 매우 쉽게 결합하기 때문에 공기 중에 노출되면 30분내에 산소와의 결합으로 선명한 빨간색을 띠는 옥시미오글로빈(oxymyoglobin, $MbO_2$)이 된다. 이때 미오글로빈의 철이온은 $Fe^{2+}$(제1철) 상태로 그대로 있기 때문에 이 반응을 산소화(oxygenation)라고 한다. 옥시미오글로빈은 그 자체로서 비교적 안정된 색소이나 육류를 저장하는 동안 천천히 산화되어 최종적으로는 갈색의 메트미오글로빈(metmyoglobin)으로 전환되며 이때 철이온은 $Fe^{3+}$(제2철)로 산화된 상태가 된다. 이와 같은 변화는 모두 가역적이어서 공기가 차단된 상태에서는 일부 메트미오글로빈이 다시 육류 자신의 환원작용에 의해 미오글로빈으로 되돌아간다.

### 3) 가열에 의한 변화

메트미오글로빈은 산소에 의한 산화 반응 외에 가열에 의해서도 생성된다. 즉, 육류를 가열하면 미오글로빈은 옥시미오글로빈을 거쳐서 메트미오글로빈이 된다. 가열이 계속되면 단백질 부분인 글로빈은 열변성에 의해 분리되고 헴 부분도 갈색이나 회색의 헤마틴(hematin)으로 전환된다. 헤마틴은 염소이온($Cl^-$)과 결합하기도 하는데 이를 헤민(hemin)이라고 한다. 이들 헤마틴과 헤민이 계속 산화되면 각종의 갈색, 회색 또는 무색의 산화된 포피린 유도체들로 되면서 회갈색의 가열육으로 변한다 그림 9-8.

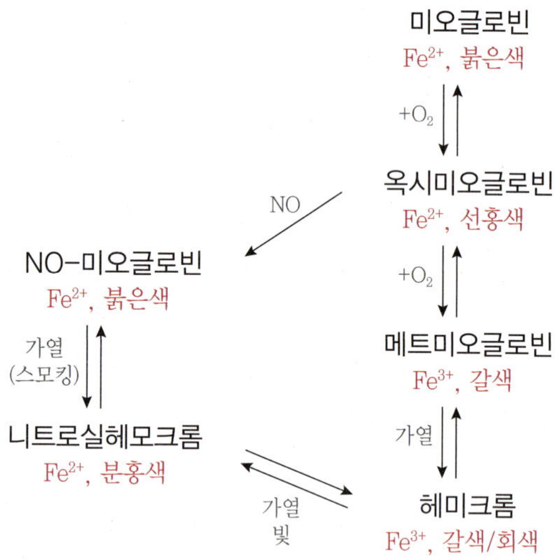


그림 9-8 육색소의 변화

### 4) 육가공 제품의 발색

햄, 소시지, 베이컨 등의 육가공 제품은 가공과정에서 가열처리가 필수적이기 때문에 가열변색에 의해 신선육류가 지녔던 먹음직스런 선명한 붉은색을 유지할 수가 없다. 따라서 육색을 보존하고 고정하기 위해 발색제를 사용하며, 그 작용원리는 다음과 같다.

육가공 제품은 염장과정에서 질산염류($KNO_3$, $NaNO_3$)를 사용한 절임 용액에 처리한다. 이때 질산염류에서 해리되어 나온 질산이온($NO^{3-}$)이 육류에 존재하던 미생물에 의해 환원되어 아질산이온($NO^{2-}$)이 되었다가 육류에 존재하는 여러 환원성 물질에 의해 아질산($HNO_2$)을 거쳐 일산화질소(NO)로 환원된다. 이렇게 형성된 일산화질소는 미오글로빈과 결합하여 니트로소미오글로빈(nitrosomyoglobin)을 형성하는데 이 물질은 선명한 적색을 나타내며 가열에도 안정하다.

니트로소미오글로빈은 가열 시 글로빈이 열변성하면서 변성글로빈 니트로실헤모크롬 즉 니트로소미오크로모겐(nitrosomyohemochrome)이 되지만 역시 선명한 적색을 보존한다. 이것이 바로 햄이나 소시지 등 육가공 제품에 있는 열에 안정한 적색 색소이며 이와 같은 공정을 육색의 고정이라 한다.

한편, 이와 같은 과정의 중간에 생기는 아민류 또는 니트로소아민류(nitrosoamine)의 일부 화합물은 강한 독성과 발암성 때문에 지속적인 논란의 대상의 되고 있다.

## (2) 헤모글로빈

헤모글로빈(hemoglobin)은 동물의 혈액 내 적혈구에서 산소를 운반하는 단백질로 붉은색을 나타낸다. 미오글로빈과 결합양식과 구조가 비슷하여 철을 포함한 포피린환과 글로빈을 포함한 헴 구조로 되어 있다 그림 9-9. 이러한 소단위(subunit) 4개가 모여 4차 구조를 형성하고, 따라서 철 원자 한 개에 한 분자의 산소가 결합하므로 헤모글로빈 한 분자에는 총 4분자의 산소가 결합한다.

헤모글로빈이 산화되는 변화는 미오글로빈과 비슷하다. 즉, 옥시헤모글로빈을 거쳐 서서히 비가역적으로 메트헤모글로빈으로 산화되고 이때 색깔은 갈색으로 변하게 된다. 가열 시에는 미오글로빈과 마찬가지로 글로빈 단백질 부분이 변성되어 분리되면서 갈색 또는 회녹색의 산화된 포피린이 되어 변색하게 된다.

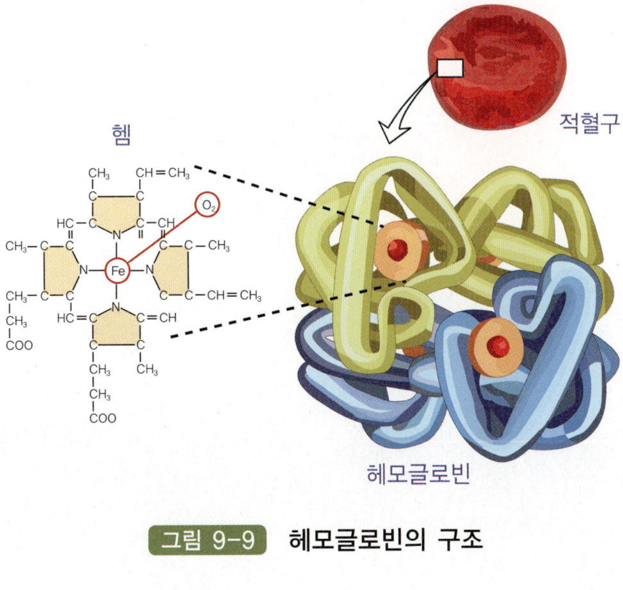


그림 9-9 **헤모글로빈의 구조**

CHAPTER 10

# 식품의 갈변

01 갈변 반응의 종류

02 효소적 갈변 반응

03 비효소적 갈변 반응

식품은 조리나 가공 과정 중에 고유의 색이 퇴색되거나 갈색으로 변한다. 이러한 변색은 소비자들이 식품의 품질을 판단하는 데 직·간접적으로 영향을 주기 때문에 식품의 저장과 가공에 중요하게 다루어진다.

식품의 변색 원인은 크게 두 가지다. 식품 자체에 함유된 클로로필, 카로티노이드 등의 색소가 퇴색 또는 변색하는 경우와 식품성분들 사이의 화학 반응에 의해 갈색 물질이 생성되는 경우이다. 이처럼 식품이 가공 및 저장 중에 갈색 또는 흑갈색으로 변화하는 반응을 갈색화 또는 갈변(browning)이라 한다.

갈변 반응은 식품의 기호성과 품질을 향상하기도 하고, 반대로 영양성을 저하하기도 한다. 바람직한 경우는 간장, 된장의 색깔이나 구운 빵의 먹음직스런 색, 홍차 특유의 색 등이며 커피, 볶은 땅콩 등 갈변 반응과 함께 특징적인 향미성분들이 생성되면서 풍미가 증진되기도 한다. 그러나 썰어놓은 사과, 감자 등의 갈변이나 과즙의 갈변은 바람직하지 못한 현상이며 특히 곡류 가공식품은 리신(lysine)과 같은 필수 아미노산이 갈색화 반응을 통해 파괴될 수 있기 때문에 영양가의 손실을 초래한다.

## 1. 갈변 반응의 종류

식품의 갈변 반응은 크게 효소가 관여하는 효소적 갈변 반응과 효소가 관여하지 않는 비효소적 갈변 반응의 두 가지로 나눌 수 있다.

**표 10-1** 갈변 반응의 분류

| 분류 | 종류 |
|---|---|
| 효소적 갈변 반응 (enzymatic browning) | 폴리페놀옥시다아제(polyphenol oxidase) |
| | 티로시나아제(tyrosinase) |
| 비효소적 갈변 반응 (non-enzymatic browning) | 마이야 반응(maillard reaction) |
| | 캐러멜화 반응(caramelization) |
| | 아스코르브산 산화 반응(ascorbic acid oxidation) |

## 2. 효소적 갈변 반응

### (1) 폴리페놀옥시다아제에 의한 갈변

채소나 과일의 껍질을 깎거나 잘게 자를 때 잘린 표면이 갈색으로 변하는 현상은 바로 효소 때문이다. 효소적 갈변 반응이 일어나기 위해서는 3가지 요소가 갖추어져야 하는데 바로 효소, 기질, 산소이다. 가장 중요한 효소는 폴리페놀옥시다아제(polyphenol oxidase, PPO)로서 구리를 함유한 효소이다. 이 효소에 의한 갈변은 사과, 배, 바나나, 복숭아, 우엉, 고구마, 홍차 등과 같이 일상생활에서 흔히 보는 과일과 채소에서 쉽게 볼 수 있다. 대개는 품질을 떨어뜨리는 요인이지만 우롱차와 홍차 등의 제조에서는 의도적으로 이 반응을 일으켜 특유의 색소를 생성하도록 이용하기도 한다.

반응의 기질은 폴리페놀류(polyphenol)로서 주로 카테콜, 클로로젠산, 카페인산 등이다. 효소와 공기 중의 산소에 의해 기질인 폴리페놀 화합물들이 퀴논유도체로 산화되고 활성이 강한 이들이 계속 비효소적으로 산화 · 중합되면서 최종적으로 멜라닌(melanin)이라는 갈색이나 흑색의 색소 물질이 형성된다.

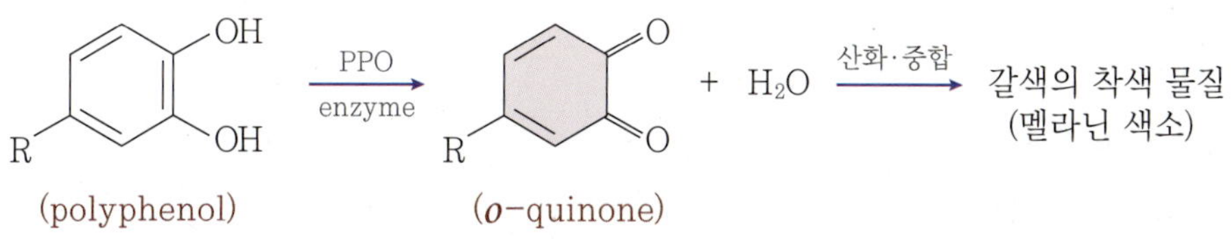


그림 10-1 멜라닌 갈색 색소의 형성

한편, 예외적으로 감귤류는 비타민 C가 많아 거의 갈변이 일어나지 않고, 감은 효소가 탄닌과 결합한 채 불활성화 되어 있기 때문에 갈변 반응에 참여하지 못한다.

### (2) 티로시나아제에 의한 갈변

티로시나아제(tyrosinase)효소는 폴리페놀옥시다아제와 같이 분자 내에 구리를 함유하고 있으며 작용도 매우 유사하다. 다만, 티로시나아제는 수산기(-OH)를 한 개만 가진 티로신(tyrosine)과 같은 모노페놀 유도체들에 주로 작용하기 때문에 모노페놀옥시다아제(monophenol oxidase)라고도 한다. 특히 감자나 고구마의 갈변 원인이 되는 효소이다.

즉, 감자를 절단하였을 때 갈변이 되는 것은 감자에 함유된 아미노산 중 티로신이 티로시나아제효소에 의해 산화되어 도파퀴논이 되고 다시 여러 단계를 거쳐 최종적으로 흑갈색의 멜라닌 색소를 만들게 되기 때문이다 그림 10-2.

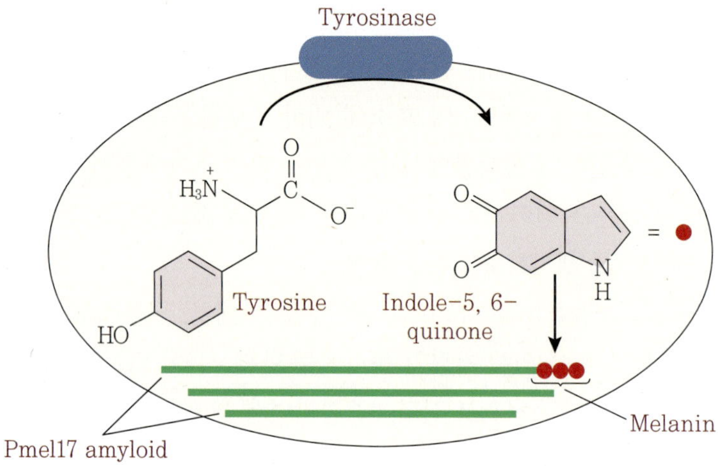


그림 10-2 티로시나아제에 의한 갈변

## (3) 홍차의 갈변

일반적으로 녹차는 생엽을 채취한 후 고온에서 덖음과 유념과정을 반복하고 건조하여 제조한다. 따라서 녹차는 찻잎에 존재하는 갈색화효소들이 가열처리에 의해 불활성화되므로 산화되지 않고 찻잎의 초록색을 유지할 수 있다. 그러나 녹차와 달리 홍차는 폴리페놀옥시다아제에 의한 갈변 반응이 잘 되는 공정으로 제조되어 홍차 특유의 적색과 향기를 가진다. 즉, 홍차는 신선한 찻잎의 위조(withering) 이후 25℃ 전후의 높은 습도 하에서 산화(발효)시킨 후 건조하는 공정을 거쳐 만들어진다 그림 10-3. 산화 과정에서는 폴리페놀옥시다아제에 의해 카테킨과 갈로카테킨 등과 같은 폴리페놀 화합물들이 산화되어 적색의 테아플라빈(theaflavin)을 생성하는데 이것이 홍차의 색깔을 결정하는 중요한 성분이다. 이때 홍차의 발효(oxidation)는 미생물에 의한 발효(fermentation)와는 분명히 다른 과정이지만 관용적으로 이와 같은 효소에 의한 산화를 홍차의 발효라 부르고 있다.

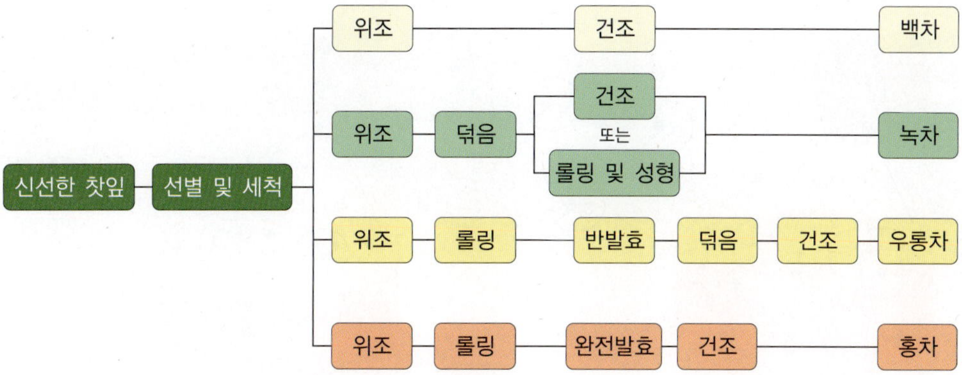


그림 10-3 차의 제조방법

## (4) 효소적 갈변 반응의 억제

효소에 의한 갈변 반응은 대부분 식품의 품질을 떨어뜨리므로 갈변에 관여하는 효소를 불활성화 시키거나 효소가 작용하기 어려운 조건으로 바꾸어 간접적으로 활성을 억제함으로써 갈변을 방지할 수 있다.

### 1) 효소의 불활성화

효소의 본체는 단백질이므로 가열에 의해 쉽게 불활성화된다. 따라서 식품을 가공하기 전에 블랜칭(blanching) 등의 가열처리로서 갈변을 방지할 수 있다.

### 2) 효소활성 최적조건의 변화

효소는 최적의 pH와 온도범위에서 활성을 가진다. 따라서 유기산 등을 첨가하여 pH를 산성 쪽으로 크게 변동시키거나, 최적온도의 범위를 벗어나도록 높이거나 낮추어 갈변효소의 작용을 억제할 수 있다.

### 3) 산소의 제거

산소에 의한 산화를 억제하기 위해 밀폐된 용기에 저장하거나 공기 대신에 이산화탄소 또는 질소를 충진하여 갈변을 억제할 수 있다. 또는 물, 연한 소금물이나 설탕물 등의 액체에 담가 산소와의 접촉을 차단할 수 있다. 즉, 공기 중의 산소는 사과 절단면을 산화시켜 표면을 갈색으로 변화시키지만, 레몬주스 등에 담근 사과 절단면에서는 산소가 레몬주스 분자를 먼저 산화시키므로 사과의 색과 향기는 그대로 보존되는 것이다.

그림 10-4 산소차단에 의한 효소적 갈변 반응의 억제

## 3. 비효소적 갈변 반응

효소가 관여하지 않고 화학변화에 의한 갈변 반응을 비효소적 갈변 반응이라 하며 마이야 반응, 캐러멜화 반응, 아스코르브산 산화 반응 중 마이야 반응이 대표적인 반응이다.

### (1) 마이야 반응

반응성이 강한 알데히드나 케톤기를 가진 당류는 아미노산이나 펩타이드와 같은 아미노기를 가진 질소 화합물과 반응하여 갈색의 멜라노이딘(melanoidin)을 생성하는데 이와 같은 당류와 아미노 화합물에 의한 갈변 반응을 마이야 반응(Maillard reaction)이라 한다. 아미노기와 당류의 카르보닐기의 반응에 의해서 일어난다고 하여 아미노-카르보닐(amino-carbonyl) 반응이라고도 하고, 갈색 색소의 이름을 따서 멜라노이딘(melanoidine) 반응이라고도 한다. 함량의 차이는 있지만, 대부분의 식품이 당류와 단백질 등과 같은 아미노 화합물을 함유하고 있기 때문에 마이야 반응은 거의 모든 식품에서 가장 쉽게 일어나는 비효소적 갈변 반응이다.

마이야 반응의 가장 큰 특징은 다른 비효소적 갈변 반응과 달리 가열과 같은 외부로부터의 지속적인 에너지 공급이 매우 적어도 거의 자연 발생적으로 일어날 수 있다는 점이다. 또한, 마이야 반응에 의한 갈변은 식품의 색깔뿐 아니라 맛과 냄새와 같은 다른 관능적 요인에도 영향을 줌으로써 품질을 향상 또는 저하하거나 영양소의 파괴 등과 같은 변화를 가져온다 그림 10-5.

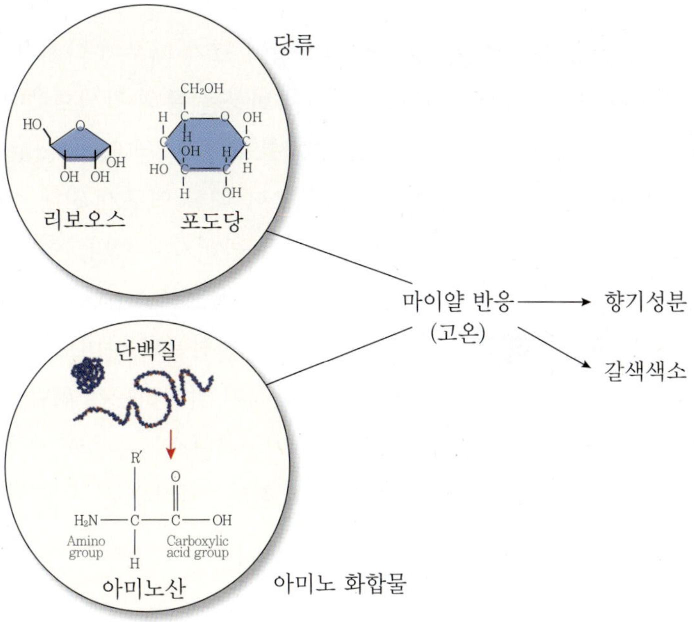


그림 10-5 마이얄 반응에 의한 갈색 색소의 생성

## 1) 마이얄 반응의 3단계 반응기작

### ① 초기 단계

마이얄 반응의 초기 단계(initial stage)는 일단 당류와 아미노 화합물의 축합 반응으로부터 시작된다. 즉, 알도오스와 케토오스의 당류와 아미노기가 반응하여 글리코실아민과 같은 질소 배당체가 형성되며, 이어서 글리코실아민이 케토형으로 재배치하는 아마도리전위(Amadori rearrangement)가 진행된다. 초기 단계에서는 색깔의 변화는 없다.

### ② 중간 단계

중간 단계(intermediate stage)에서는 초기 단계에서 생성된 전위 생성물들이 분해되고 당의 산화가 가속화되며 각종 환상 화합물과 리덕톤류의 화합물들이 생성되는 단계이다. 휘발성이 강한 산화 분해 생성물들이 만들어지며 이러한 중간 생성물 중에서 디옥시오존류와 히드록시메틸푸르푸랄(hydroxymethyl furfural, HMF)은 갈변에 관여하는 중요한 중간체로 알려졌다. 중간 단계를 거치면서 아미노산과 당류의 함량이 감소한다.

### ③ 최종 단계

중간 단계에서 형성된 각종 분해생성물은 반응성이 크기 때문에 다시 서로 상호 반응하면서 알돌축합 반응(aldol condensation) 및 중합 반응을 통해 갈색으로 착색된 형광성의 멜라노이딘(melanoidin) 색소를 만들며, 이 단계를 최종 단계(final stage)라고 부른다. 멜라노이딘은 고분자 화합물로서 아직 정확한 구조에 대한 연구가 진행 중이며 색소 자체가 항산화력과 같은 생리 활성도 지니고 있는 것으로 밝혀지고 있다.

한편, 마이얄 반응의 후반기에서 일어나는 특징적인 반응으로 스트레커 분해 반응(Strecker degradation)이 있다 그림 10-6. 즉, 분해된 당류의 화합물과 아미노산이 반응하여 알데히드가 생성되고 이산화탄소가 발생하는데 이때 생성된 알데히드는 휘발성 성분으로서 식품의 향기성분에 관여하게 된다. 또한, 발생하는 이산화탄소는 갈색도가 증가하고 반응이 진행될수록 증가하여 갈변 반응의 척도가 되기도 한다. 이러한 분해 반응을 거치는 동안 아미노산은 급격히 감소하게 된다.

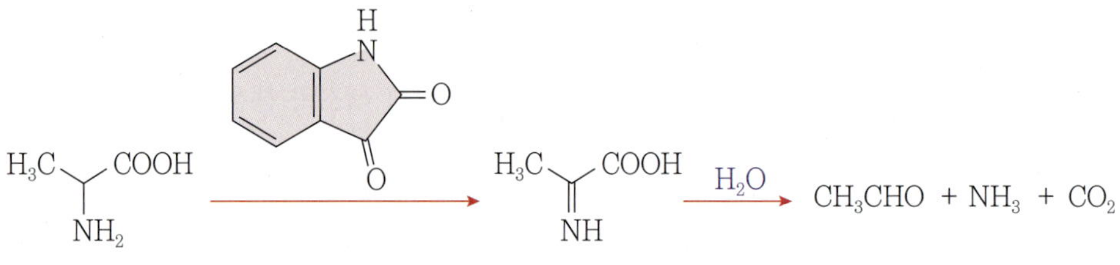

그림 10-6 **스트레커 분해 반응**

## 2) 마이얄 반응에 영향을 주는 요인

① 온도: 마이얄 반응의 속도에 가장 큰 영향을 주는 요인은 온도이다. 온도를 10℃ 올리면 갈변은 3~5배로 촉진되고 저온에서는 갈변이 억제된다.

② pH: pH가 증가함에 따라 갈색화 반응이 증가한다.

③ 수분함량: 수분함량이 증가할수록 마이얄 반응이 증가하며 일반적으로 수분활성도 0.6~0.8 사이에서 최대치를 나타낸 후 다시 감소한다. 수분활성도 0.8 이상에서 반응이 감소하는 것은 수분에 의한 희석효과 때문이다.

④ 당의 종류: 일반적으로 설탕보다는 6탄당류, 5탄당류와 같은 환원당이 비환원당에 비해 갈변 속도가 크며, 6탄당과 5탄당 비교 시 5탄당의 갈변 속도가 더 커서 약 10배의 차이가 있다. 당류의 종류에 따른 반응 속도는 자일로오스(xylose) > 아라비노오스(arabinose) > 과당(fructose) > 포도당(glucose) > 자당(sucrose) 순이다.

⑤ 아미노산: 당류와 마찬가지로 아미노산의 종류에 따라 반응성이 다르다. 아미노산의 아미노기가 카르복실기와 멀리 떨어져 있을수록 당류의 카르보닐기가 접근하기 쉬워 반응이 일어나기 때문에 염기성 아미노산의 반응성이 크다. 포도당과의 마이얄 반응의 경우 리신(lysine) > 트립토판(tryptophan) > 페닐알라닌(phenylalanine) 등의 순서로 반응이 잘 일어난다.

⑥ 반응 물질의 농도: 반응 물질 중 환원당의 농도와는 비례, 질소 화합물의 농도와는 제곱의 비례관례를 가진다.

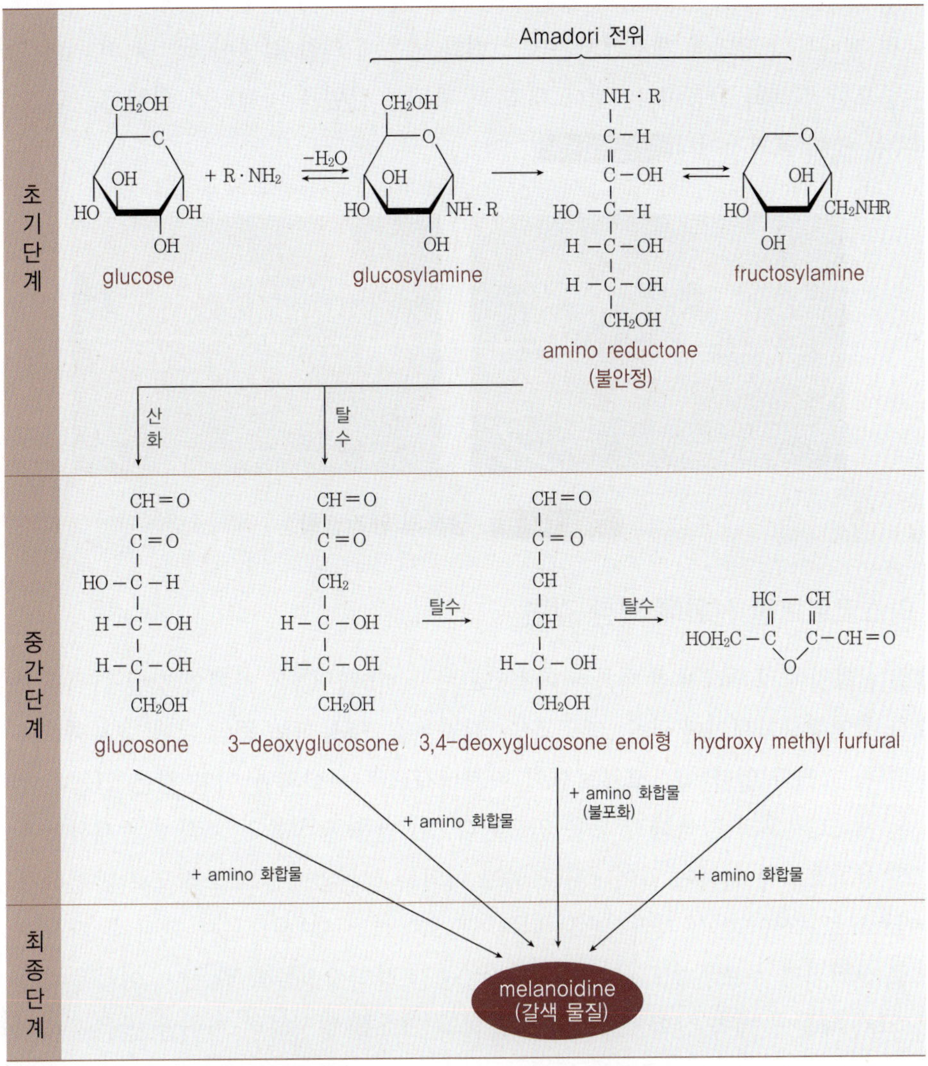


그림 10-7 비효소적 마이얄 갈변 반응

### (2) 캐러멜화 반응

캐러멜화 반응(caramelization)은 당류가 가열에 의해 중합 및 축합되면서 흑갈색 물질인 캐러멜 색소를 생성하는 반응이다. 마이야 반응과 달리 아미노 화합물이 존재하지 않아도 일어나고, 자발적 반응이 아닌 가열이 필요하다는 점이 특징이다. 당류가 가열에 의해 가수분해 되어 환원당 등이 된 후 마이야 반응과 같이 푸르푸랄(furfural), 퓨란(furan) 등과 같은 산화생성물이 형성된다. 이들의 계속적인 산화로 식품의 풍미를 더해주는 휘발성 카르보닐 화합물이 생성되고 산화 · 중합과 축합으로 흑색이나 흑갈색의 고분자 캐러멜 색소가 생성되는 것이다. 당 함량이 많은 식품의 가열 또는 가공 중에 흔히 일어나는 반응이며 특히 캔디류의 당과류 제조에서는 캐러멜화 반응에 의한 갈변이 색, 맛, 향기에 영향을 주는 중요한 갈색화 반응이다. 캔디 제조 시 과도한 갈변을 억제하기 위해서는 온도를 낮추어주는 것이 효과적이다 그림 10-8.

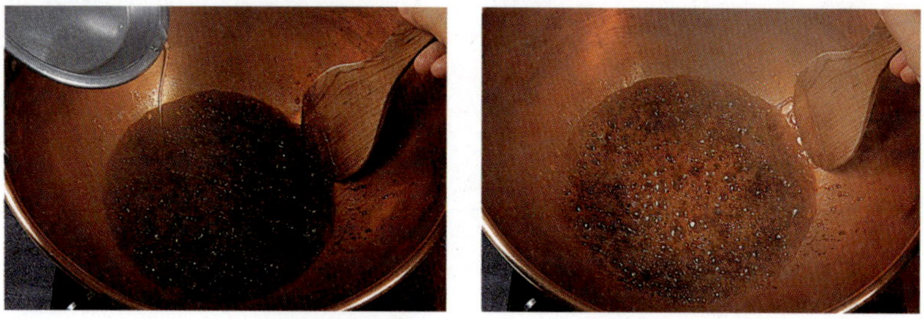

그림 10-8 **당류의 캐러멜화**

### (3) 아스코르브산 산화에 의한 갈변

채소나 과일에 풍부하게 존재하는 아스코르브산(비타민 C)은 자체의 강한 환원력 때문에 중요한 천연항산화제이며 과즙, 건조과일, 감자튀김, 냉동식품 등의 갈변 방지제로도 널리 사용된다. 그러나 일단 아스코르브산이 비가역적으로 산화되면 이와 같은 기능은 완전히 상실한 채 그 자체가 갈색화 반응을 일으킨다. 이 반응은 식물의 조직에 존재하는 아스코르브산 산화효소에 의하여 일어나기도 하고 이와는 상관없이 비효소적으로 발생하기도 한다. 아스코르브산이 먼저 가역적으로 디하이드로아스코르브산으로 산화된 후 다시 비가역적으로 산화되면 푸르푸랄(furfural)과 같은 중간 산화생성물을 만든다. 이들은 반응성이 매우 크기 때문에 계속 산화 · 중합되어 갈색의 색소를 형성하며 마이얄 반응이나 캐러멜화 반응에서 형성되는 화합물과는 다른 색소이다. 이 반응은 아스코르브산의 함량이 높은 감귤류, 오렌지류 등의 가공품의 품질에 영향을 줄 수 있는 중요한 갈변 반응이다.

CHAPTER

11

# 식품의 맛

맛에 대한 사람들의 관심은 매우 높다. 유명한 맛집마다 사람들이 길게 줄을 서서 차례를 기다리고 맛집을 다녀온 블로거의 후기, 언론보도 등에 대한 인기도 절정이다. 식품의 맛은 주관적인 부분이 많이 작용하지만, 인간이 맛을 감지하는 원리, 식품에서 맛을 내는 화학성분의 종류, 조리 가공 중 일어나는 맛의 변화 등은 과학적으로 많이 밝혀져 있다. 막연한 감성에 기대어 맛을 찾아다니는 것보다는 식품의 맛에 대한 과학적인 지식을 이해하면 좀 더 풍요로운 삶을 만들어 갈 수 있다. 맛(taste)은 혀의 미각 기관을 통해 느끼는 식품의 관능적 · 감성적 요소로서 단맛, 쓴맛, 신맛, 짠맛, 감칠맛 등이 있다. 이외에 혀와 구강 구조를 통해 식품의 질감, 냉온감, 청량감, 통증 등을 넓은 의미로 맛에 포함하기도 한다. 일반적으로 식품의 비휘발성 물질은 맛으로 인식되고 휘발성 물질은 냄새로 인식되지만, 식초의 초산과 같은 다수 중간 물질은 맛과 냄새 모두로 인식된다. 식품의 맛과 향을 동시에 느끼는 경우가 대부분이기에 두 가지를 합하여 향미(flavor)라고 표현한다.

## 1. 인간의 미각

식품의 맛성분은 침에 녹아 미각세포로 운반되어 세포막에 있는 수용체와 결합하여 생화학적 신호를 발생하고 이를 다시 전기적 신호로 변환하여 중추신경으로 전달함으로써 미각을 성립한다. 혀에는 맛꼭지(papilla, 유두)가 존재하는데, 맛꼭지에는 그 생김새에 따라 울타리 꼴(circumvallate, 유곽), 잎 꼴(foliate, 엽상), 실 꼴(fli form, 사상), 버섯 꼴(fungi form, 용상)의 네 가지가 있다. 맛꼭지의 밑부분에는 여러 개의 맛봉오리(taste bud, 미뢰)가 분포하며, 맛봉오리는 50개 정도의 맛 세포와 지지세포로 구성되어 있다. 맛 세포의 위쪽 끝에는 미세융모(microvilli)가 있어 이곳의 세포막에 여러 가지 원미를 인식하는 맛 수용체가 분포되어 있고, 맛 세포의 밑에 존재하는 신경섬유는 신경절을 통해 중추신경(대뇌)에 연결된다. 당류 등 단맛 물질은 수용체 단백질과 결합한 후 두 가지 경로를 활성화시키는 것으로 알려져 있다. 수용체 단백질과의 결합은 G 단백질을 활성화하고, 효소 아데닐싸이클라제(adenyl cyclase, AC)를 자극하여 싸이클릭 AMP(cyclic AMP, cAMP)를 합성하게 된다 그림 11-1. cAMP는 칼륨이온($K^+$)이 세포 밖으로 빠져나가는 것을 방해하여 세포의 탈분극을 유발해 신경섬유의 활동전위를 통해 대뇌로 단맛이 전달되게 된다. 사카린과 같은 고감도 감미료는 수용체 단백질과 결합하여 G 단백질이 활성화된 후, 포스포리파아제 C(phospholipase C, PLC)를 자극하여 디아실글리세롤(diacylglycerol, DAG)을 생성하고, 이것이 프로틴키나아제 C(protein kinase C, PKC)를 활성화시켜 칼륨이온의 세포 밖 이동을 방해하여 활동전위를 발생시킨다 그림 11-1.

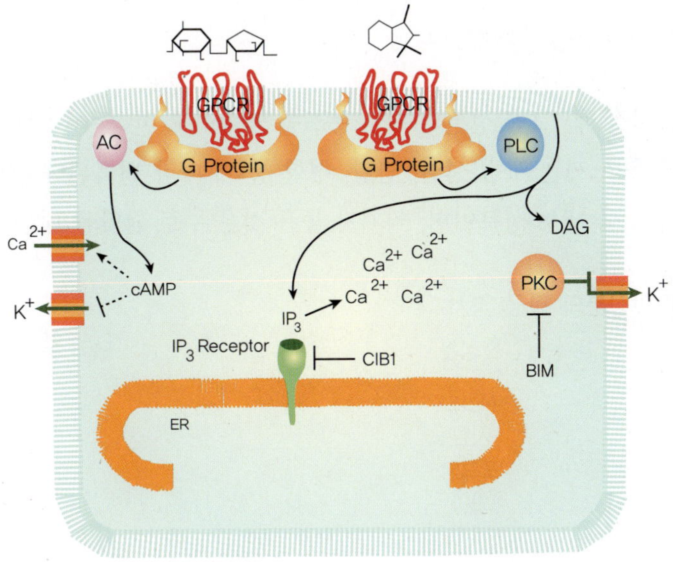


그림 11-1 맛 수용체에서 단맛 성분의 인지와 세포 내 신호 전달

쓴맛 성분은 수용체 단백질과의 결합으로 세포막의 G 단백질을 자극하여 포스포디에스테라아제(phosphodiesterase, PDE)를 활성화하고, PDE는 세포질 내의 cAMP의 농도를 감소시킨다. cAMP의 감소는 칼슘이온 채널을 열게 하여 칼슘이온($Ca^{2+}$)이 세포 내로 유입되고 세포의 탈분극이 유도된다 그림 11-2. 짠맛을 내는 염류($Na^+$)나 신맛을 나타내는 산과 같은 이온($H^+$) 상태의 맛 물질은 세포막의 이온통로에 직접 작용하게 된다. 산이 이온통로에 결합하게 되면 $Na^+$이온의 흐름을 막아 탈분극이 일어나게 되고 신경 신호가 발생하게 된다. 한편, 염의 양이온($Na^+$ 등)은 이온통로를 투과할 수 있기 때문에 막전위를 변화시켜 탈분극이 일어나게 된다 그림 11-2. 감칠맛을 내는 맛성분이 관여하는 세포 내 경로는 아직 정확하게 밝혀져 있지 않다.

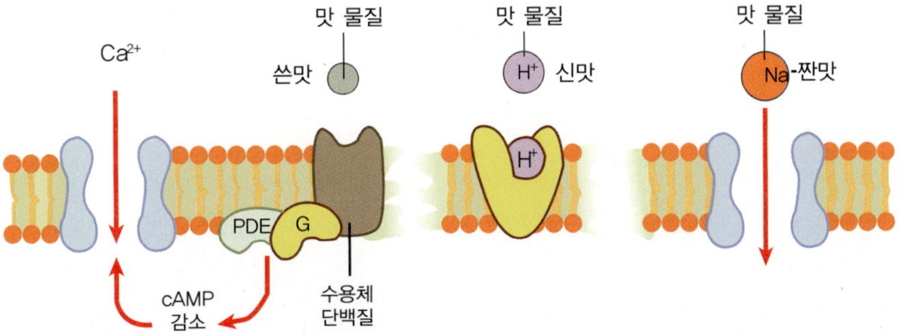


그림 11-2 맛 수용체에서 쓴맛, 신맛, 짠맛 성분의 인지와 신호 전달

## 2. 미각의 역치와 변화

맛이 확실히 느껴질 때, 그 맛성분의 최저 농도를 역치라고 한다. 이러한 역치는 환경(온도, 습도 등)과 맛을 느끼는 사람(성별, 연령, 성향 등)에 따라 변화된다. 일반적으로 역치가 낮은 성분은 쓴맛을 내는 성분이며, 역치가 높은 것은 주로 단맛을 내는 성분이다.

**표 11-1** 맛성분의 평균 역치

| 맛의 종류 | 맛성분 | 역치 농도(%) |
|---|---|---|
| 단맛 | 사카린<br>자당<br>포도당<br>과당 | 0.005~0.01<br>0.3<br>0.48<br>0.15 |
| 짠맛 | 염화나트륨 | 0.75 |
| 쓴맛 | 퀴닌<br>카페인<br>몰핀 | 0.00005~0.0005<br>0.03<br>0.02~0.15 |
| 신맛 | 초산<br>젖산<br>구연산 | 0.004~0.009<br>0.004<br>0.0025 |

맛은 식품 온도에 따라 다르게 나타나며, 미각은 30℃ 내외의 온도에서 가장 맛을 잘 느낀다. 온도가 식품의 맛에 미치는 영향은 연구 사례에 따라 조금씩 차이가 나지만, 일반적으로 단맛은 온도가 올라가면 역치가 감소하여 단맛을 더 잘 느끼며, 짠맛이나 쓴맛은 온도가 상승하면 역치가 증가하여 맛을 잘 느끼지 못하게 된다 그림 11-3.

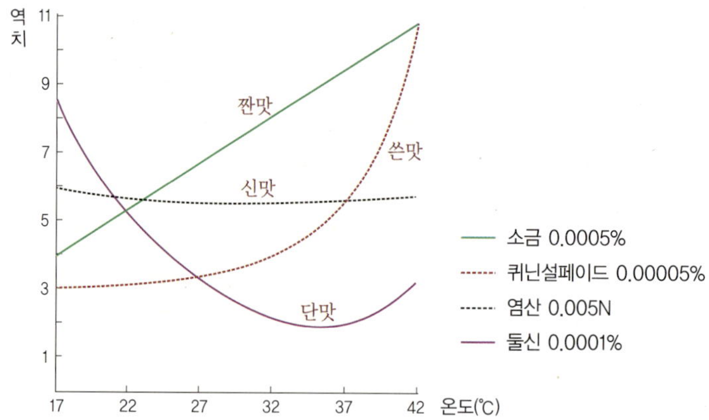


그림 11-3 온도에 따른 맛성분의 역치 변화

# 3. 맛의 종류와 식품의 맛성분

## (1) 짠맛

짠맛(salty taste, 함미)은 리튬(Li), 나트륨(Na), 칼륨(K), 루비듐(Rb) 원소의 양이온과 플루오린(F), 염소(Cl), 브롬(Br), 요오드(I) 등 할로겐 음이온들이 만드는 알칼리염이 수용액에 녹아 양이온에 의해 짠맛이 나타난다. 알칼리염 중에서, 염화나트륨(NaCl)이 가장 강한 짠맛을 가진다. 이들 알칼리염은 그 조성이온에 따라 쓴맛을 나타내기도 하는데, 쓴맛이 나타나는 것은 표 11-2 에서 보는 바와 같이, 이온 직경의 합이 6.58Å 이상일 경우에 나타나며 그 미만의 크기에서는 짠맛만 나타나는 것으로 알려져 있다.

**표 11-2** 알칼리 할로겐염의 물리화학적 특성과 맛

| 염 | 이온 직경의 합(Å) | 쓴맛 | 짠맛 | 용해도(g/100mL $H_2O$) | 분자량 |
|---|---|---|---|---|---|
| 염화리튬(LiCl) | 4.98 | | + | 63.7 | 42.39 |
| 브로민화리튬(LiBr) | 5.28 | | + | 145.0 | 86.85 |
| 염화나트륨(NaCl) | 5.56 | | + | 35.7 | 58.44 |
| 요오드화리튬(LiI) | 5.76 | | + | 151.0 | 133.84 |
| 브로민화나트륨(NaBr) | 5.86 | | + | 116.0 | 102.90 |
| 염화칼륨(KCl) | 6.28 | | + | 34.7 | 74.56 |
| 요오드화나트륨(NaI) | 6.34 | | + | 184.0 | 148.89 |
| 염화루비듐(RbCl) | 6.56 | | + | 77.0 | 120.92 |
| 브로민화칼륨(KBr) | 6.58 | + | + | 53.5 | 119.01 |
| 브로민화루비듐(RbBr) | 6.86 | + | | 98.0 | 165.38 |
| 염화세슘(CsCl) | 6.96 | + | | 162.2 | 168.36 |
| 요오드화칼륨(KI) | 7.06 | + | | 127.5 | 166.01 |
| 브로민화세슘(CsBr) | 7.26 | + | | 124.3 | 212.81 |
| 요오드화루비듐(RbI) | 7.34 | + | | 152.0 | 212.37 |
| 요오드화세슘(CsI) | 7.74 | + | | 44.0 | 259.81 |

## (2) 신맛

신맛(sour taste, 신미)은 수소이온($H^+$)을 수용액 상에서 내놓는 산(acid)에서 나타나며 유기산, 무기산, 중성에서 수소이온을 낼 수 있는 질소 화합물 등이 신맛 물질에 포함된다. 대표적인 무기산에는 염산, 황산, 인산 등이 있는데, 식품의 신맛을 주는 목적으로는 거의 사용되지 않으나, 인산은 일부 음료 등에서 사용된다. 산성 아미노산인 글루탐산(Glu), 아스파르트산(Asp) 등과 수소이온이 해리될 수 있는 히스티딘(His) 등이 신맛을 나타낼 수 있다. 식품에 신맛을 주기 위해 가장 많이 사용하는 성분은 카르복실기를 가진 유기산이다. 식품에 포함된 중요한 유기산은 표 11-3 에 나타나 있다.

**표 11-3 신맛 성분의 유기산과 함유 식품**

| 신맛 성분 | 함유 식품 | 특성 |
|---|---|---|
| 인산 | 청량음료 | 수용액이 강한 산미 보유 |
| 탄산 | 맥주, 청량음료, 발포성 와인 | 강하고 톡 쏘는 자극적인 신맛 성분 |
| 아세트산 | 식초, 김치 | 식초에 3~5% 함유<br>살균작용으로 식품 부패 방지에 사용 |
| 젖산 | 김치, 요구르트 | 장내 유해균의 발효 억제 효과<br>청량음료의 산미료, pH 조절제로 사용<br>주류의 발효 초기 부패 방지에 이용 |
| 숙신산<br>(호박산) | 청주, 조개류 | 신맛과 함께 감칠맛 함유<br>MSG와 함께 조미료로 사용 |
| 말산<br>(사과산) | 사과, 복숭아, 포도 | 융점이 낮아 구연산보다 산미가 오래 지속<br>흡습성이 낮아 장기보관에 유리 |
| 타타르산<br>(주석산) | 포도, 와인 | 포도의 K, Ca와 결합하여 주석산염 형성<br>침전을 일으킴 |
| 시트르산<br>(구연산) | 레몬, 파인애플, 귤 | 상쾌한 신맛과 청량감<br>과즙, 청량음료에 이용<br>몸 안의 젖산을 분해하여 피로회복에 이용 |
| 글루콘산 | 곶감, 양조식품 | 부드럽고 청량한 산미<br>주류, 식초, 청량음료의 산미료로 사용 |
| 아스코브산 | 신선한 과일, 채소 | 상쾌한 신맛, 항산화제<br>식품의 변색 방지에 이용 |
| 옥살산<br>(수산) | 시금치, 근대 | 아세트산보다 3000배 강한 산도 보유<br>칼슘의 흡수를 저해함 |

## (3) 단맛

### 1) 단맛 성분의 화학구조

단맛(sweet taste, 감미)과 쓴맛(bitter taste, 고미)은 전혀 다른 별개의 맛이지만, 같은 G 단백질 결합 수용체(G-protein coupled receptors, GPCR)에 의해서 인식되는 것으로 알려졌다. 각 맛성분이 결합하는 수용체의 활성부위와 상호작용을 일으키는 맛성분의 화학구조 특성에 따라 각각 단맛 또는 쓴맛으로 달리 느껴지게 된다. 맛성분의 구조와 특성에 관하여 가장 많이 연구되어 온 것은 단맛 성분에 관한 것으로서, Kier는 단맛 성분의 구조로서 AH-B-X 설을 제시한 바 있다. 여기에서 AH는 수소이온 공여기, B는 수소이온 수용기, X는 소수기를 나타내는데 단맛 물질의 AH, B, X 각 부위에 맛성분과 결합하는 수용체의 B, AH, X 각 부위와 각각 수소 또는 소수결합으로 결합하여 단맛을 느끼게 된다는 것이다. 여기서 설탕 등 일반 당류는 AH와 B 부위만으로 보통의 단맛을 나타내지만, AH, B, X의 3부위가 모두 존재할 때 단맛이 훨씬 강한 고감도 감미료가 된다. 이때 X 부위의 모양과 크기에 따라 단맛과 쓴맛이 결정되는데, 아미노산 유도체는 X 부위가 에틸기 이하의 크기일 경우 단맛을 나타내고 그 이상일 경우 쓴맛을 나타내게 된다.

### 2) 단맛 성분

단맛이 AH, B 또는 AH, B, X 부위에 의해 나타나므로 이상의 구조를 가진 모든 화합물은 단맛을 나타낼 수 있고 따라서 단맛을 내는 성분의 종류도 매우 다양하다. 그러나 가장 대표적인 단맛 화합물은 설탕(sucrose, 자당)으로서 이를 단맛의 표준 물질로 삼는다. 표 11-4 는 여러 가지 단맛 물질과 자당에 대한 상대적인 감미도이다.

#### ① 당류

당류는 그 구조상 여러 개의 수산기(-OH)를 가지고 있으며, 이는 수소이온의 공여체 또는 수용체 역할을 모두 할 수 있기 때문에 자당, 포도당, 과당 등의 여러 당류는 모두 단맛을 나타낸다. 당류 중에서는 과당(fructose)의 감미도가 가장 높은데, 과당은 꿀의 주요성분이기도 하고 설탕을 가수분해한 전화당의 성분이기도 하다.

#### ② 당알코올

OH기를 복수로 가지는 당알코올류도 단맛을 나타낸다. 자일리톨(xylitol), 만니톨(mannitol), 솔비톨(sorbitol), 글리세롤(glycerol) 등이 이에 해당하며 단맛과 함께 청량감을 준다.

**표 11-4** 단맛 물질과 자당에 대한 상대적인 감미도

| 단맛 성분 | 감미도 | 단맛 성분 | 감미도 |
|---|---|---|---|
| 자당(sucrose) | 1 | 파라티노스(paratinose) | 40~45 |
| 젖당(lactose) | 0.4 | 락투로오스(lacturose) | 50~60 |
| 엿당(maltose) | 0.5 | 싸이클라메이트(Na-cyclamate) | 30~80 |
| 갈락토오스(galactose) | 0.6 | 아세설팜칼륨(acesulfame-K) | 130 |
| D-포도당(D-glucose) | 0.7 | 글리시리진(glycyrrhizine) | 100~170 |
| D-과당(D-fructose) | 1.1 | 아스파탐(aspartam) | 100~200 |
| D-자일로오스(D-xylose) | 0.7 | 둘신(dulcin) | 70~350 |
| 솔비톨(sorbitol) | 0.5 | 사카린(saccharin) | 200~700 |
| 만니톨(mannitol) | 0.7 | 스테비오사이드(stevioside) | 300 |
| 글리세롤(glycerol) | 0.8 | 토마틴(thaumatin) | 2000~3000 |
| 글리신(glycine) | 0.7 | 알리탐(alitame) | 2000 |

#### ③ 아미노산류

아미노산에서는 카르복실기가 수소이온 공여체로 작용하고 아미노기가 수소이온 수용체로 작용하기 때문에 단맛을 나타낼 수 있으나, 소수성기 X가 에틸기($-C_2H_5$) 이하의 크기를 갖는 글리신(glycine)과 알라닌(alanine)은 단맛을 가지지만, 에틸기 이상의 크기를 가지는 아미노산은 쓴맛을 나타낸다.

#### ④ 천연 고감도 감미료

설탕보다 감미도가 훨씬 높은 고감도 감미료에는 식물 등에서 발견되어 직접 추출하여 사용되어 온 것도 있고, 분자 구조를 밝혀 분리 · 정제 또는 합성하여 설탕 대체 감미료로 사용되는 것도 있다. 천연 고감도 감미료 중 글리시리진(glycyrrhizin)은 감초에 들어 있는 단맛 성분으로서 감초는 한약재에 많이 사용되고 있다.

㉠ 스테비오사이드(stevioside)는 남미 파라과이 원산의 국화과 식물인 스테비아(*Stevia rebaudiana*)에서 추출되는 배당체로서 가열, 산, 알칼리 모두에 안정하다. 우리나라에서는 식빵, 이유식, 백설탕, 갈색 설탕, 포도당, 물엿, 알사탕, 벌꿀, 유가공품 이외의 식품에 사용이 허가되어 있다.

ⓛ 차조기(*perilla frutescens*, 자소)에 함유된 페릴라틴(perllatine, 자소당)과 감차(*Hydrangea maccrophylla*)의 잎에서 추출되는 필로둘신(phyllodulcin)의 감미도는 각각 설탕의 2,000배, 500배 정도로 상당히 높으나 독성을 가지고 있어 식품에서는 사용이 허가되어 있지 않고 담배 등에 사용된다.

ⓒ 식물성 단백질 중 단맛을 나타내는 성분에는 모넬린(monellin), 토마틴(thaumatin), 미라큘린(miraculin) 등이 있다. 모넬린과 토마틴은 설탕에 비교해 1,500~3,000배의 단맛을 나타낸다. 모넬린은 아프리카에서 자라는 *Dioscorephyllum cumminsii* 식물의 열매에 함유된 단백질로서 분자량은 11,000 Da이다. 토마틴은 서아프리카 식물인 *Thaumatococcus daniellii*의 열매에 함유되어 있으며, 분자량은 23,000 Da이다. 미라큘린 역시 아프리카 원산의 식물인 *Synsepalum dulcificum*(miracle berry)에 함유된 당단백질로서, 그 자체로서는 단맛이 없으나, 이 열매를 씹은 후 신맛의 식품을 먹으면 그 신맛이 단맛으로 바뀐다.

**⑤ 합성 고감도 감미료**

합성 고감도 감미료는 극소량으로도 단맛을 내며 생체 흡수율, 대사율이 작아 비만 예방용이나 당뇨병 환자용으로 활용되는 경우가 많다. 합성 고감도 감미료 중 국내에서 사용이 허가된 것은 사카린(saccharin), 아스파탐(aspartame), 아세설팜칼륨(acesulfame potassium), 수크랄로스(sucralose) 등이다.

㉠ 사카린은 1879년 처음으로 합성된 후 현재까지 사용되는 합성 감미료이다. 사카린은 무색 또는 백색의 결정성 분말로서 설탕의 500~700배의 단맛을 내고 열, pH에 비교적 안정하다. 사카린은 물에 잘 녹지 않으므로 보통 사카린나트륨 형태로 사용되며, 농도가 높아지면 뒷맛이 쓴 특성이 있다. 사카린은 실험용 흰쥐에서 방광암을 유발한다는 주장이 있었으나 여러 국제기구에서 독성을 재검토한 결과 일단 안전하다고 결정한 상태이고, 현재 세계 80여 나라에서 사용이 허가되어 있다. 우리나라에서는 김치류를 제외한 절임 식품류, 어육가공품, 유산균 음료를 제외한 청량음료, 이유식을 제외한 특수영양식품에만 사용이 허가되어 있다.

ⓛ 아스파탐은 아스파르트산(aspartic acid)과 페닐알라닌(phenylalanine)으로 이루어진 디펩타이드(dipeptide)의 메틸에스테르(methyl ester)로서 1965년 발견되었으며, 백색의 무취 분말로서 설탕에 가까운 깨끗한 단맛을 나타낸다. 아스파탐은 중성 및 알칼리 조건과 가열에 의해 분해되므로 비가열 식품과 산성 식품에 많이 사용된다. 여러 국제기구에서의 검토 결과 안전성이 인정되어 각국에서 사용되고 있는데,

페닐알라닌 대사에 이상이 있는 사람은 주의를 요한다. 우리나라에서는 식사대용 곡류가공품, 청량음료, 과자류의 충전물, 추잉검, 다류, 식당용 감미료, 아이스크림류, 빙과류, 잼, 시럽, 캔디류, 주류, 분말수프, 발효유, 특수영양식품 등에 사용이 허가되어 있다. 수크랄로스는 자당의 염소화 유도체로서 설탕의 약 600배의 감미도를 보이는데, 국제기구에서 대체로 안전하다고 인정하여 허용량을 승인하였다.

ⓒ 아세설팜칼륨은 설탕의 약 130배 감미도를 가지고 뒷맛이 거의 없는데, 최근에 우리나라에서 사용이 허가되었으며 미국, 독일, 영국 등 수십 개 나라에서 사용이 허가되어 있다.

ⓔ 이들 이외에도 우리나라에서는 허가되어 있지 않으나 일부 국가에서 사용이 허가된 몇 종의 고감도 감미료가 있다. 알리탐(alitame)은 L-아스파르트산(L-aspartic acid)과 D-알라닌(D-alaine)으로 이루어진 디펩타이드의 아마이드 유도체로서 설탕보다 약 2,000배 강한 단맛을 내고 맛 특성도 깨끗하다. 이 감미료는 현재 호주와 뉴질랜드 등에서 사용허가를 받고 있다.

## (4) 쓴맛

쓴맛(bitter taste, 고미)은 보통 부패한 식품이나 독이 들어 있는 식품에서 나타나는 경우가 많으나, 일부 식품에서는 특징적인 맛, 깊은 맛을 연출하는 역할을 한다(예: 커피, 된장, 치즈 등). 쓴맛 성분은 앞에서 이야기한 단맛 화합물과 같이 수소이온 공여 및 수용체, 소수기의 구조로 되어 있다. 쓴맛 성분도 단맛 성분처럼 미각세포 세포막의 G 단백질 결합 수용체에 의해서 인식된다. 따라서 단맛 성분의 구조적 변화에 의해 쓴맛으로 바뀔 수 있고, 일부 물질은 사카린과 같이 단맛과 쓴맛을 동시에 나타내는 경우도 있다. 쓴맛을 내는 것으로 알려진 식품성분은 알칼로이드, 배당체, 아미노산 및 펩타이드, 케톤류, 무기염류 등 매우 다양하다.

### 1) 알칼로이드

식물 유래의 질소함유 알칼리성 화합물로서 퀴닌, 몰핀, 코카인, 니코틴, 카페인 등이 이에 속한다. 이들은 대개 쓴맛을 가지며 여러 가지 생리 활성을 나타내는 경우가 많다. 이 중 퀴닌(quinine)은 쓴맛의 표준 물질로 사용된다. 식품 중의 알칼로이드(alkaloid)로서 대표적인 것으로는 커피에 들어 있는 카페인(caffeine)과 코코아 및 초콜릿에 들어 있는 테오브로민(theobromine)을 들 수 있는데, 이들은 퓨린(purine) 유도체들이다. 쓴맛을 내는 배당체로는 감귤류에 들어 있는 나린진(naringin)과 리모닌(limonin), 오이에 들어 있는 큐커비타신(cucurbitacin) 등이 알려져 있다. 나린진은 감귤류 특히 자몽의 쓴맛을 내는 성분으로 플라바논(flavanone)인 나린제닌(naringenin)의 배당체이다. 과일로부터 과즙, 통조림 제조 시 나린진의 쓴맛을 제거하기 위해 효소 나린지나아제(naringinase)로 처리한다.

### 2) 아미노산과 펩타이드

아미노산 중 소수성이 큰 발린(Val), 류신(Leu), 아이소류신(Ile), 히스티딘(His), 티로신(Tyr), 페닐알라닌(Phe), 트립토판(Trp) 등의 아미노산과 소수성 아미노산으로 이루어진 펩타이드는 모두 쓴맛을 나타낸다. 쓴맛 펩타이드는 된장, 치즈, 젓갈, 막걸리 등의 발효식품에서 단백질의 가수분해 과정 중에 생성될 수 있는데, 너무 많이 생성되면 풍미에 나쁜 결과를 초래한다.

### 3) 케톤류

케톤류 중 쓴맛을 나타내는 대표적인 성분으로는 호프(*Humulus lupulus*) 정유의 성분인 후물론(humulone) 및 그 유도체($\alpha$-acids)와 루풀론(lupulone) 및 그 유도체($\beta$-acids)가 있는데, 이들 케톤은 맥주 특유의 쓴맛을 제공한다. 이들 $\alpha$-acids와 $\beta$-acids는 맥주 제조공정 중 맥아즙과 함께 끓일 때, 가운데의 방향족 환이 6각에서 5각으로 바뀌는 이성화 반응이 일어나 용해도와 함께 쓴맛도 커지게 된다.

### 4) 무기염류

무기염류 중, 이온 크기의 합이 6.58Å 이상인 할로겐 알칼리염 등이 쓴맛을 나타내는 것은 표 11-2 에서 이미 살펴보았는데, 이들 외에도 염화마그네슘($MgCl_2$), 황산마그네슘($MgSO_4$) 등 큰 이온으로 이루어진 모든 염류는 쓴맛을 나타낸다.

## (5) 감칠맛

우리나라 음식에서 국물 맛을 내기 위해 육수를 사용한다. 육수에는 보통 양지, 멸치, 가다랑어, 다시마 등이 재료로 쓰이고 육수를 통해 내고자 하는 맛이 감칠맛(savory, umami taste, 지미)이라고 할 수 있다. 육수 재료를 통해 알 수 있는 사실은 이러한 재료가 아미노산, 핵산 등을 많이 함유하고 있다는 것이다. 감칠맛은 아미노산, 핵산이 풍부한 식품으로부터 맛을 낼 수 있다.

## 1) 글루탐산 나트륨

감칠맛은 주로 글루탐산 나트륨(monosodium-L-glutamate, MSG)과 리보핵산 나트륨(disodium 5′-inosinate, IMP) 등 일부 뉴클레오티드(nucleotide)에 의해 나타나는 맛이다 그림 11-4. 글루탐산 등 감칠맛을 내는 아미노산은 측쇄 구조의 유사성에 따라 여러 종류의 맛 수용체가 있으며, 이 맛성분 수용체는 단백질 가수분해효소인 프로나제(pronase)를 처리하면 미각 신호가 전달되지 않는 것으로 보아 수용체에 단백질이 중요한 역할을 담당하는 것을 알 수 있다.

## 2) 리보핵산 나트륨

이노신산(IMP) 등의 뉴클레오티드는 글루탐산 등 아미노산의 감칠맛에 대해 상승작용을 나타내는 것으로 알려져 있다. 동물에 따라 상승효과를 나타내는 뉴클레오티드의 종류는 달라지는데, 사람은 구아닐산(GMP), 이노신산(IMP), 크산틴산(XMP)의 순서로 상승효과가 크게 나타난다. 이들 뉴클레오티드는 퓨린의 6번 탄소가 모두 카르보닐기로 되어 있다는 공통점이 있다. IMP의 감칠맛을 1로 했을 때 GMP, XMP, AMP는 각각 2.3, 0.61, 0.18의 감칠맛 강도를 나타낸다.

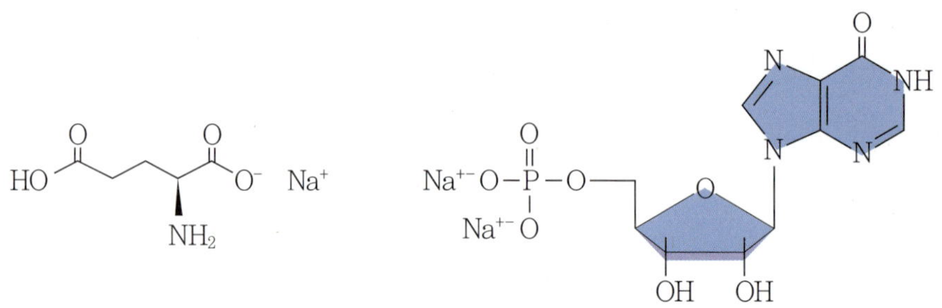


그림 11-4 **감칠맛을 내는 글루탐산 나트륨(MSG, 좌)과 리보핵산 나트륨(IMP, 우)**

## 3) MSG 안전성 논란

시중에서 유통되는 조미료 대부분이 위에서 언급한 감칠맛을 내는 성분으로 제조된다. MSG 등의 유해성, 안전성이 종종 언론을 통해 보도되고 있으며, 식품의약품안전처는 MSG의 안전성을 공식적으로 표명했다. 그러나 여전히 많은 사람이 '중국음식점 증후군(Chinese restaurant syndrome)' 처럼 MSG가 잠재적으로 가지고 있는 위험 가능성을 제시하고 있다.

### (6) 매운맛

앞에서 설명한 맛 이외에도 매운맛(pungent taste, 신미), 떫은맛(astringency, 삽미), 아린맛(acrid taste, 결미) 등을 느끼는데, 이들은 맛 수용체에서 인식되는 것이 아니라 자율신경이나 혀의 점막 등 구강 내에서 복합적으로 인지된다. 매운맛은 구강 내의 자율신경을 통해 인지하는 통각이다.

#### 1) 캡사이신

고추의 매운맛은 캡사이신(capsaicin)류 화합물에 의해 나타난다 그림 11-5. 고추에서 전체 캡사이신 중 약 70%는 캡사이신, 약 20%는 디하이드로캡사이신(dihydrocapsaicin)으로 존재한다. 캡사이신과 디하이드로캡사이신은 같은 강도로 매운맛을 나타내며, 나머지 캡사이신류는 약 절반 정도의 매운맛을 보인다.

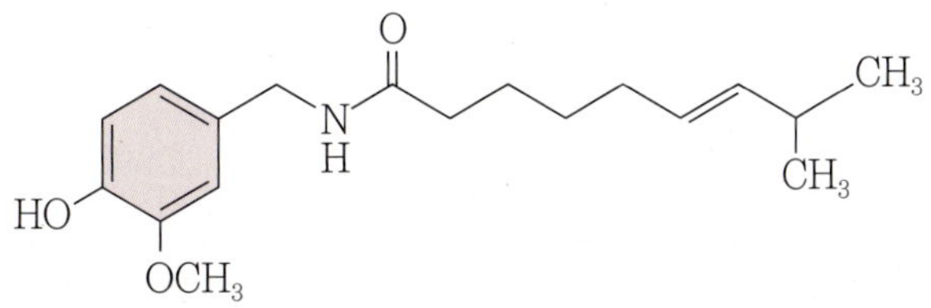


그림 11-5 고추의 매운맛 성분 캡사이신의 화학구조

#### 2) 피페린

후추의 매운맛은 주로 피페린(piperine)에 의한 것이며 그 구조는 다음과 같다. 피페린은 탄화수소 사슬의 이중결합 모양에 따라 차비신(chavicine), 이소피페린(isopiperine), 이소차비신(isochavicine) 등의 이성질체가 있는데, 이 중 차비신은 피페린에 비해 약 절반의 매운맛을 나타내고, 이소피페린과 이소차비신은 약한 매운맛을 나타낸다.

#### 3) 아이소티오시아네이트

겨자, 고추냉이, 무 등의 매운맛은 아이소티오시아네이트(isothiocyanate)에 의해 나타난다. 아이소티오시아네이트(isothiocyanate)의 일반식은 R-N=C=S로 나타낼 수 있는데, R 그룹에 따라 그 분포와 매운맛의 특성이 달라진다. 표 11-5는 매운맛을 나타내는 아이소티오시아네이트의 종류별 특성을 보여주고 있다.

**표 11-5** 아이소티오시아네이트의 종류와 특성

| 일반식 : R-N=C=S | | | |
|---|---|---|---|
| R | | 분포 | 풍미 특성 |
| $CH_2=CH-CH_2-$ | Allyl | 고추냉이, 겨자 | 매운맛, 최루성분 |
| $CH_2=CH-CH_2-CH_2-$ | 3-Butenyl | 겨자, 무 | 매운맛, 냄새 |
| 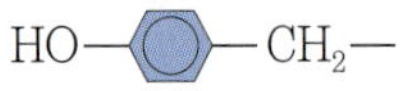 | *p*-Hydroxybenzyl | 겨자 | 매운맛 |
| $CH_3-S-CH=CH-CH_2-CH_2-$ | 4-Methylthio-3-butenyl | 무 | 매운맛, 유황 냄새 |
| 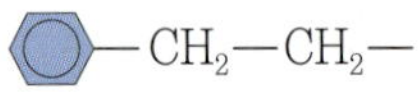 | 2-Phenylethyl | 고추냉이, 순무 | 갓냉이의 냄새 |
| $CH_3-CH_2-\underset{\vert}{CH}-CH_3$ | 2-Butyl | 고추냉이 | 아린맛, 풋내 |
| $CH_2=CH-CH_2-CH_2-CH_2$ | 4-Pentenyl | 고추냉이 | 아린맛, 풋내 |

## 4) 페놀류

생강의 매운맛은 페놀류인 진저롤(gingerol)과 쇼가올(shogaol)에 의해 나타난다. 신선한 생강은 진저롤이 주성분이지만, 정유로 가공한 경우에는 쇼가올이 주성분으로 나타난다. 생강의 가공과 저장 중에 진저롤이 탈수소 반응을 일으키면 쇼가올을 형성하며, 분해되면 방향족 케톤(ketone)인 진저론(zingerone)을 생성한다. 쇼가올의 매운맛은 진저올의 2배 정도이나 진저론은 달콤한 향신료 냄새를 줄 뿐 매운맛은 나타내지 않는다.

## 5) 황 화합물

파, 양파, 마늘, 부추 등 파속(genus allium)에 속하는 채소에서는 황 화합물이 매운맛과 향을 나타내며, 최루성분으로 작용한다. 이들 화합물의 중요한 전구체는 시스테인 설폭사이드(cysteine sulfoxide) 등 아미노산의 설폭사이드(sulfoxide)들이다. 파 속의 채소를 썰거나 갈면 알리이나아제(alliinase)라는 효소가 설폭사이드에 작용하여 설펜산(sulfenic acid)

들을 형성하는데, 설펜산들은 재배열되어 최루성분인 (Z)-프로펜 설폭사이드[(Z)-propane sulfoxide]를 형성하거나 축합되어 냄새성분인 여러 가지 티오설피네이트(thiosulfinates)를 형성하게 된다. 마늘에서는 아미노산 설폭사이드인 알리인(alliin)이 알리이나아제 작용에 의해 알릴설펜산(allyl sulfenic acid)을 형성하고, 알릴설펜산이 축합되어 매운맛 성분인 알리신(allicin, diallyl thiosulfinate)을 형성하게 된다.

### (7) 떫은맛

떫은맛(astringency, 삽미)은 식품의 폴리페놀(polyphenol)성분이 혀의 점막 단백질과 강한 수소결합 등을 함으로써 점막이 일시적으로 수축하는 감각을 말하며, 감, 차, 커피, 맥주, 포도주, 도토리 등에서 느낄 수 있다.

#### 1) 탄닌

떫은맛을 내는 대표적인 성분은 탄닌(tannin)으로 분자량 500 이상의 식물성 폴리페놀(polyphenol)성분을 통칭한다. 다양한 식물체의 줄기, 뿌리, 잎, 나무껍질, 종실 등에 광범위하게 분포하며, -OH기를 다량 함유하여 단백질과 강한 수소결합을 하는 특징이 있다. 탄닌은 가수분해성과 축합성 탄닌의 두 종류가 있으며, 가수분해성 탄닌은 떫은맛을 가지지만, 축합물을 형성하면 불용성이 되어 떫은맛이 사라지게 된다. 덜 익은 감에는 디오스피린(diospyrin)이 함유되어 떫은맛을 나타내지만, 감이 익어가면서 불용성 탄닌을 형성하므로 떫은맛이 사라지게 된다. 찻잎에서 나타나는 떫은맛은 갈릭산(gallic acid), 카테킨(catechin)에 의한 것이나, 홍차는 발효과정을 통해 불용성 탄닌이 형성되어 떫은맛이 덜하다. 커피의 떫은맛은 클로로젠산(chlorogenic acid), 밤의 떫은맛은 엘라그산(ellagic acid)에 의한 것이다.

### (8) 아린맛

아린맛(acrid taste, 결미)은 떫은맛, 쓴맛, 매운맛 등이 복합적으로 느껴지는 맛으로 일반적으로 불쾌하게 느껴지는 맛이다. 아린맛은 죽순, 토란, 고사리, 우엉, 가지 등에서 느낄 수 있다. 아린맛은 복합적인 맛이기 때문에 관여하는 성분도 많으나 아이소티오시아네이트(isothiocyanate), 알칼로이드(alkaloid), 탄닌(tannin), 알데히드(aldehyde), 유기산, 무기염류 등에 의해서 나타나는 것으로 알려져 있다.

### (9) 찬맛

박하 등을 먹을 때는 찬맛(cooling taste, 냉미)을 느끼게 되는데, 이것은 박하성분이 침에 녹을 때 용해열을 흡수하기 때문에 혀의 점막이 일시적으로 마비되는 효과를 내기 때문이다. 멘톨(menthol)은 찬맛을 내는 대표적인 물질이며 (−)menthol이 (+)menthol보다 찬맛을 더 크게 나타내지만, isomenthol, neomenthol, eoisomenthol 등은 찬맛을 나타내지 않는다. 당알코올 중 자일리톨(xylitol), 만니톨(mannitol), 솔비톨(sorbitol) 등은 단맛과 함께 찬맛도 나타낸다.

### (10) 금속맛

금속맛(metal taste, 금속미)은 금속이온에 의해 나타나는 맛으로 혀의 표면이나 구강 안의 넓은 구역에서 감지되며, 뒷맛으로 느껴지는 경우가 많다. 금속맛은 수은이나 은의 염에서 가장 강하게 느껴지지만, 보통은 철, 구리, 주석의 염에서 느껴지며 이때의 한계값은 20~30ppm 정도이다. 또한, 소금, 설탕, 구연산, 알코올 등은 금속맛의 한계값을 높이지만, 탄닌은 반대로 한계값을 낮추어 구리이온 등의 금속맛을 더 뚜렷하게 하는 것으로 알려져 있다.

### (11) 교질맛

교질맛(colloidal taste, 교질미)은 식품 중 교질성분에 의해 느껴지는 맛이다. 식품의 교질성분에는 전분이나 검류 또는 단백질 콜로이드, 지방의 유화물 등이 있는데, 이들이 혀의 점막에 닿았을 때 수화(hydration) 등의 효과에 의해 교질맛을 나타낸다.

### (12) 알칼리맛

수산화이온(hydroxyl ion)은 알칼리맛(alkaline taste)을 나타낸다. 식품에 존재하거나 가공 중에 첨가되는 수산화나트륨(NaOH), 수산화칼륨(KOH), 탄산수소나트륨($NaHCO_3$) 등에 의해 나타날 수 있는 맛이다.

CHAPTER

# 12

# 식품의 냄새

식품에서 향 또는 냄새는 식품의 품질, 신선도, 맛 등을 결정짓는 중요한 인자이다. 특히, 식품의 냄새는 사람에게 크게 작용하여 식욕을 돋우거나 떨어뜨리기도 한다. 식품에 좋은 향을 부여하기 위해 향신료 등을 첨가하거나 조리법을 개발하기도 하며, 식품의 냄새를 통해 신선도, 부패도 등을 검출하는 장치의 개발도 이루어지고 있다. 이 장에서는 사람이 어떻게 냄새를 느끼게 되는지, 식품에서 냄새를 내는 성분은 무엇인지 등에 대해서 공부한다.

## 1. 인간의 후각

인간은 냄새를 코로 맡지만 냄새의 인지는 뇌가 담당한다. 식품에서 나는 냄새 물질(분자)은 콧속으로 들어와 비강 뒤쪽 천정에 있는 후각 상피세포의 후(각)세포 말단을 구성하는 후각 섬모(cilia)에 분포하는 수용체 단백질과 결합하고, 이때 발생한 신호가 중추신경(대뇌)으로 전달되어 냄새를 인지, 기억하게 된다 그림 12-1.

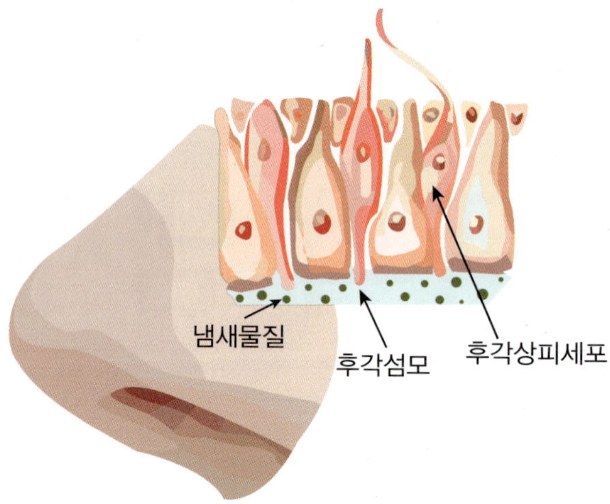


그림 12-1 **코 안쪽 천정에 분포한 후각 기관**

이러한 인간의 후각 메커니즘은 미국의 두 과학자 Axel과 Buck에 의해서 주도적으로 규명되었으며, 그 공로를 인정받아 2004년 노벨생리의학상을 수상했다.

후각 수용체 단백질은 보통 세포막에 존재하는 단백질(transmembrane protein)로서 냄새성분과 특이적인 결합을 한다. 즉, 여러 종류의 화학성분 중에서 특정 냄새성분들만 수용체 단백질과 결합한다. 냄새성분과 수용체의 결합은 G 단백질을 활성화해 cAMP (cyclic adenosine monophosphate) 또는 IP3(inositol triphosphate)을 생성하여 나트륨($Na^+$), 칼슘($Ca^{2+}$)채널을 개방시켜 세포 밖에 있는 $Na^+$, $Ca^{2+}$이온의 세포 내 유입을 유도한다 그림 12-2.

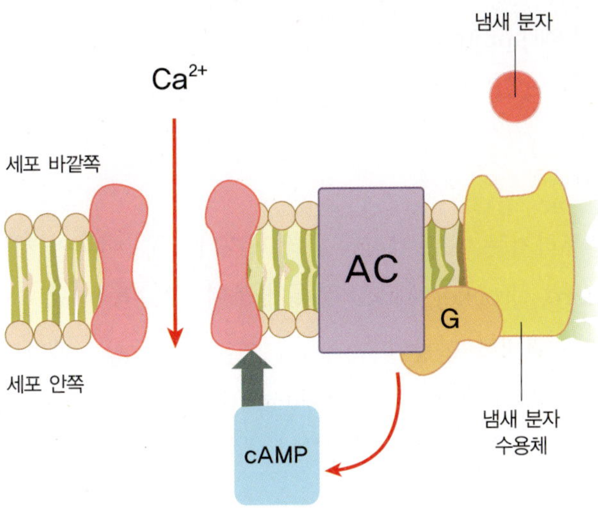


그림 12-2 후각 상피세포 섬모의 냄새 분자 수용체와 냄새 분자의 결합과 세포 내 신호전달

이러한 세포막의 탈분극은 신경전달물질을 분비하게 하여 신경섬유의 활동전위가 형성되고 중추신경까지 전달되게 된다.

## 2. 식품 냄새의 후각 인지

사람은 식품을 먹기 전에 냄새를 인지하기도 하고, 음식을 먹으면서 냄새를 느끼기도 한다. 예를 들어, 코를 막고 사과와 양파를 각각 먹을 때 사람은 두 식품을 잘 구별하지 못한다. 이는 입안에서 발생하는 각 식품의 냄새성분을 후각으로 인지하는 과정을 방해했기 때문에 나타나는 현상이다.

식품을 먹기 전에 냄새를 감지하는 과정은 주로 식품에서 증발하기 쉬운 휘발성 냄새성분에 의해 주도적으로 일어난다. 식품을 입에 넣고 섭취할 때 느끼는 식품의 향은 주로 식품성분과 결합되어 있어 먹기 전에는 후각으로 잘 느껴지지 않는 성분들에 의해서 주도적으로 일어난다. 식품 섭취 시 발생하는 냄새성분이 후각 수용체와 결합하는 위치와 인지

과정은 앞에서 살펴본 경우와 동일하다.

후각과 미각은 서로 독립적인 감각기관이지만, 인간이 식품을 섭취할 때 두 감각이 동시에 작용하여 그 식품의 종합적인 풍미(flavor, 향미)를 결정하게 된다. 즉, 식품의 향과 맛은 서로 뗄 수 없는 상호보완적인 관계를 가진다.

인간이 냄새로 인지할 수 있는 냄새성분의 최소 농도를 역치(threshold value)라고 한다. 냄새성분이 식품 속에 ppm(parts per million), ppb(parts per billion) 농도 단위로 존재해도 냄새를 인지할 수 있다(에탄올 180ppm, 나프탈렌 8ppb, 메틸 메르캅탄 1ppb).

## (1) 냄새의 분류

냄새를 정확하게 분류하기는 매우 어려워 여러 학자에 의해 이론이 제시됐으며, 일반적으로 Henning, Amoore, Crocker에 의한 분류가 쓰이고 있다.

- Henning의 분류: 냄새를 꽃향기(fragrant 또는 flowery), 과일 향기(fruity 또는 etheral), 매운 냄새(spicy), 수지 냄새(resinous), 탄 냄새(burnt), 썩은 냄새(putrid)의 6종류로 분류하고, 이러한 6가지 냄새를 조합하여 모든 냄새를 표현할 수 있다. 예를 들어, 라벤더 향은 꽃향기와 매운 냄새 사이에서 꽃향기에 가까운 쪽에 존재하고, 생강 향은 매운 냄새와 수지 냄새 사이에서 매운 냄새 가까운 쪽에 존재한다.
- Amoore의 분류: 기본 냄새성분(장뇌 냄새, 매운 냄새, 에테르 냄새, 꽃향기, 박하향, 사향, 썩은 냄새)이 가지는 화학구조와 이에 상보적으로 결합하는 후각 수용체의 모양을 7종류로 한정하여 냄새를 구별한다. 즉, 후각기관 말단에 특정한 형태, 크기, 전하를 가지는 수용체가 7종류가 존재하고 냄새 물질이 이와 특이적인 결합을 한다는 이론이다. 그러나 냄새성분에 특이적인 결합을 할 수 있는 이러한 수용체는 7가지보다 훨씬 많이 밝혀졌다.
- Crocker-Henderson의 분류: 기본 냄새를 꽃향기(fragrant), 산 냄새(acid), 탄 냄새(burnt), 썩은 냄새(caprylic)의 4종류로 분류하고, 각 냄새의 위치를 0~8의 수치로 표시했다.

### 1) 식품의 냄새성분 - 알데히드류

알데히드(aldehyde)는 유기 화합물 말단에 결합한 카르보닐(carbonyl, 탄소와 산소의 이중결합) 그룹을 일컬으며, 화합물의 이름 끝에 보통 -al이 붙는다. 알데히드 작용기는 하나의 탄소(C) 원자가 수소(H) 원자 하나와 단일결합, 산소(O) 원자 하나와 이중결합을 하고 있어 R-CH=O로 나타낸다. 알데히드 작용기를 가지는 냄새성분은 동물성, 식물성 식품에 다양하게 존재한다. 과일 및 채소류 특유의 풍미 및 식물의 풋내(smell of green), 유지 식품의 기름진 풍미, 산패 냄새 등을 유발하는 성분이 대표적인 알데히드 작용기를 포함하는 냄새 물질이다.

**표 12-1 알데히드 작용기를 가지는 화학성분의 냄새**

| 냄새 | 알데히드성분 |
|---|---|
| 식물의 풋내 | *(E)*-3-hexenal, *(E)*-2-hexenal |
| 오이 향 | *(E,Z)*-2,6-nonadienal, *(E)*-2-nonenal |
| 멜론 향 | *(Z)*-6-nonenal |
| 감자 향 | 2-alkenal |
| 사과 향 | *(E)*-3-hexenal, *(E)*-2-hexenal |
| 감귤 향 | decanal, C8~C10 aldehyde |
| 아몬드 향 | benzaldehyde |
| 면실유, 콩기름, 유지방, 쇠기름, 닭고기 등 유지식품의 풍미 | *(E,Z)*-2,4-decadienal, *(E,E)*-2,4-decadienal |
| 유지의 산패 냄새 | *(E,Z,Z)*-2,4,7-decatrienal |
| 마가린, 분유 이취 | *(E)*-6-nonenal |

## 2) 식품의 냄새성분 - 케톤류

케톤(ketone)은 유기 화합물 중간에 결합한 카르보닐(carbonyl) 그룹을 일컬으며, 화합물의 이름 끝에 보통 -one이 붙는다. 케톤 작용기는 하나의 탄소(C) 원자가 다른 두 가지의 알킬(포화탄화수소 알칸에서 수소가 하나 빠진 작용기) 그룹(R, R')과 각각 단일결합, 산소(O) 원자 하나와 이중결합을 하고 있어 R-C(=O)-R' 로 나타낸다. 케톤 작용기를 가지는 냄새성분은 동물성, 식물성 식품에 공통으로 존재한다. 치즈와 같은 발효유제품, 산화된 버터의 냄새, 당근 조리 시 나는 꽃향기 등이 대표적인 케톤 작용기를 포함하는 냄새성분이다.

표 12-2 케톤 작용기를 가지는 화학성분의 냄새

| 냄새 | 케톤성분 |
|---|---|
| 치즈 | 2-pentanone, 2-heptanone, 2-nonanone, 8-nonen-2-one |
| 산화된 버터 | 1-octen-3-one |
| 당근 조리 시, 달콤한 꽃향기 | β-ionone (from β-carotene) |
| 산딸기 향기 | 4-(4-hydroxyphenyl)-2-butanone |

### 3) 식품의 냄새성분 - 에스테르류

에스테르(ester)는 카르복실산[carboxylic acid, R-C(=O)-OH]의 수산기(-OH)가 빠진 자리에 알콕시(alkoxy, -O-R') 그룹이 대체하여 R-C(=O)-O-R'을 형성한 작용기를 일컬으며, 화합물의 이름 끝에 보통 -ate이 붙는다. 에스테르 작용기를 가지는 냄새성분은 주로 식물성 식품에 존재한다. 사과, 바나나, 포도 향기 등이 대표적인 에스테르 작용기를 포함하는 냄새성분이다.

표 12-3 에스테르 작용기를 가지는 화학성분의 냄새

| 냄새 | 에스테르성분 |
|---|---|
| 사과 향 | amyl formate, isoamyl formate, isoamyl acetate, methyl butyrate, ethyl butyrate, ethyl-2-methylbutyrate |
| 바나나 향 | isoamyl isovalerate |
| 포도 향 | methyl anthranilate |
| 살구 향 | amyl butyrate |
| 복숭아 향 | ethyl formate |
| 송이버섯 | methyl cinnamate |
| 파인애플 | ethyl acetate |
| 셀러리 | sedanolide |
| 파슬리 | apiol |
| 청주 | methyl valerate |

### 4) 식품의 냄새성분 - 함황 화합물

황을 포함하는 화합물 중에는 강한 냄새를 나타내는 성분이 유독 많다. 대표적인 악취(달걀 썩는 냄새)성분인 황화수소($H_2S$)를 비롯하여 식품에서 마늘, 양파 냄새성분이 이에 해당한다. 마늘을 절단, 분쇄할 때 알리이나제(alliinase)가 냄새성분의 전구체이자 효소기질에 해당하는 알리인(alliin, (2*R*)-2-amino-3-[(*S*)-prop-2-enylsulfinyl]propanoic acid)에 작용하여 설펜산(2-propene sulfenic acid)을 생성한다. 설펜산은 중합하여 강한 냄새성분에 해당하는 알리신(allisin, 2-propene-1-sulfinothioic acid *S*-2-propenyl ester)을 형성한다 그림 12-3. 통마늘에서 잘 느끼지 못했던 냄새를 자르거나 씹을 때 강하게 느끼는 이유가 여기에 있다. 불안정한 알리신은 분해되어 저분자 냄새성분인 설파이드(sulfide), 셀포네이트(sulfonate), 티오펜(thiophene) 화합물을 생성한다. 마늘을 섭취한 후 느끼는 냄새는 이들로부터 기인한다.

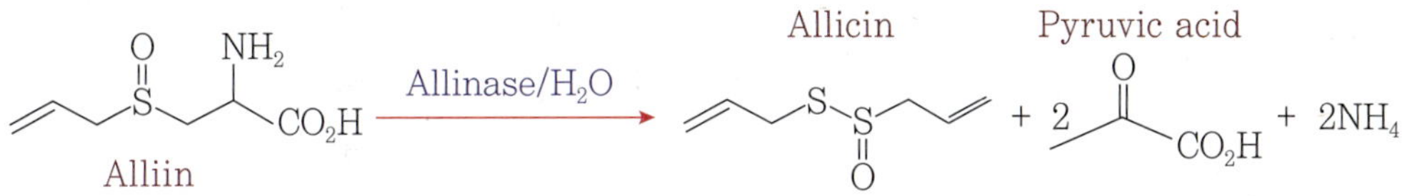


**그림 12-3 효소 알리이나제(alliinase)에 의한 마늘 알리인성분의 알리신으로의 변환**

양파에는 마늘의 알리인에서 알릴기 대신 1-프로페닐기를 갖는 위치 이성질체 1-프로페닐 시스테인 설폭사이드(trans-(+)-S-(1-propenyl)-L-cysteine sulfoxide)가 전구체로 존재한다. 양파가 파쇄되면 효소 알리이나제가 작용하여 1-프로펜 설펜산(1-propene-sulfeic acid)을 생성하고, 양파 특유의 냄새로 인간의 후각을 자극하는 최루성분인 프로판티올 옥사이드(syn-propanethiol-S-oxide)로 재배열된다. 수용성의 프로판티올 옥사이드는 불안정하여 프로피온알데히드와 황화수소로 분해된다.

배추, 무, 겨자, 고추냉이 등은 글루코시놀레이트(glucosinolate) 또는 티오글루코사이드(thio-glucoside) 함황 화합물을 냄새성분의 전구체로 가지고 있다. 글루코시놀레이트는 효소 티오글루코시데이스(thioglucosidase)에 의해 가수분해 되어 아이소티오시아네이트(isothiocuanate), 나이트릴(nitrile), 티오시아네이트(thiocyanate) 등을 생성한다. 겨자와 고추냉이에 존재하는 글루코시놀레이트의 일종인 시니그린(sinigrin)은 효소 미로시네이스(myrosinase)작용에 의해 가수분해 되어 냄새성분 알릴 아이소티오시아네이트(allyl isothiocyanate) 등을 생성한다.

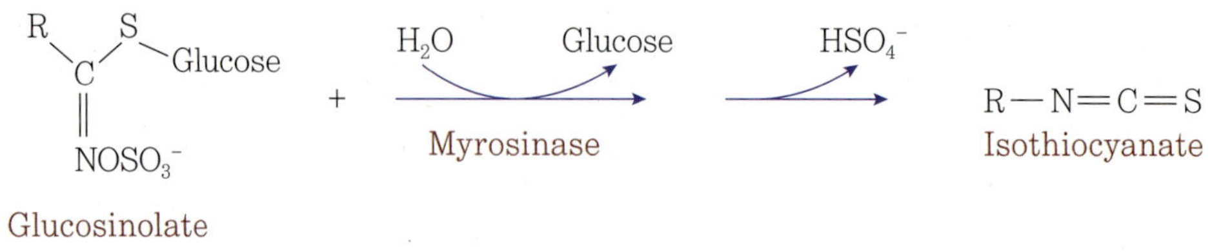


그림 12-4 글루코시놀레이트의 효소(미로시네이스)에 의한 냄새성분 생성

**표 12-4 함황 화합물의 냄새**

| 냄새 | 함황 화합물 |
|---|---|
| 마늘 | allisin, 2-propene-1-sulfinothioic acid S-2-propenylester, sulfide, sulfonate, thiophene |
| 양파 | syn-propanethiol-S-oxide |
| 배추, 무, 겨자, 고추냉이 | isothiocuanate, nitrile, thiocyanate |
| 겨자, 고추냉이 | allyl isothiocyanate |

### 5) 식품의 냄새성분 - 피라진류

피라진(pyrazine)은 질소(N)를 함유하는 고리 화합물로 고기 향, 땅콩 향, 볶음 향의 냄새성분이다. 이러한 냄새를 내기 위한 목적으로 마이얄(Maillard) 반응을 통해 피라진류를 생성시켜 조미료에 첨가하기도 한다. 볶은 땅콩 등에서 메틸피라진(methylpyrazine), 에틸피라진(ethylpyrazine), 2,5-디메틸피라진(2,5-dimethylpyrazine) 등이 주요 냄새성분으로 밝혀졌다. 초콜릿, 코코아에서도 피라진 냄새성분이 여러 종류 발견되었으며, 갓 볶은 커피에서는 디하이드로피라진(dihydropyrazine)이 동정되었다. 풋고추, 피망, 완두콩과 같은 채소류 냄새에도 피라진 화합물이 관련되어 있다.

**표 12-5** 피라진류 화학성분의 냄새

| 냄새 | 피라진성분 |
|---|---|
| 볶은 땅콩 | methylpyrazine, ethylpyrazine, 2,5-dimethylpyrazine, trimethylpyrazine |
| 초콜릿, 코코아 | methylpyrazine, 2,3-dimethylpyrazine, 2-ethyl-5-methylpyrazine |
| 커피 | dihydropyrazine |
| 풋고추 | 2-methoxy-3-isobutylpyrazine, isobutyl methoxypyrazine, propyl methoxypyrazine, hexyl methoxypyrazine |
| 피망 | 2-isobutyl-3-methoxypyrazine |
| 생완두콩 | 2-isopropyl-3-methoxypyrazine |
| 생감자 흙내 | 2-ethyl-3-methoxypyrazine |

### 6) 식품의 냄새성분 - 아민류

신선한 식품보다는 식품이 오염, 변질하는 과정에서 발생하는 비린내, 구린내, 지린내, 부패취 등의 이취에서 아민류(amines)의 화합물이 발견된다. 특히 생선류가 원래 가지는 성분인 트리메틸아민 옥사이드(trimethylamine oxide)는 원래 냄새가 없지만, 세균과 같은 미생물이 생선류에 번식하면서 환원 반응을 일으켜 냄새성분인 트리메틸아민을 생성한다. 이처럼 단백질을 함유한 육류, 생선, 유제품 등의 식품은 변질하면서 아미노산의 탈탄산 반응에 의해 이취를 유발하는 각종 아민류(amines)가 생성된다. 아미노산 일종인 리신(lysine)에 탈탄산 반응이 일어나면 1,5-diaminopentane(cadavarine) 또는 1,4-diaminobutane(putrescine)이 생성되며, 반응이 더 진행되면 부패 식품의 이취를 나타내는 5-aminopentanal 또는 5-aminopentanoic acid가 생성된다.

냄새를 이용한 식품의 신선도 측정 방법 개발이 활발히 연구되고 있다. 앞에서 다룬 인간의 후각 메커니즘을 센서에 응용한 사례인데, 식품의 신선도가 떨어질 때 발생하는 냄새성분(예: 해산물의 트리메틸아민)과 결합하는 수용체 단백질이나 펩타이드를 탄소나노튜브(carbon nanotube, CNT)로 만든 작은 전기장치에 붙여 냄새성분이 수용체와 결합하면 전기 신호가 변화되는 원리를 이용한 측정법이다. 이러한 후각 센서는 기존의 식품 신선도를 측정하는 방법에 비해 식품의 부패 초기에 발견할 수 있고 시간과 노력을 절약할 수 있어 각광을 받고 있다.

CHAPTER

13

# 식품의 유독성분

01 곰팡이 유독성분

02 화학적 유독성분

03 가공 과정 중 생성되는 유독성분

04 조리 과정 중 생성되는 유독성분

05 천연 유독성분

06 방사능 유독성분

07 내분비 교란 유독성분

식품은 동물성 · 식물성 재료를 조리 · 가공 과정(가열 등) 및 물리 · 화학적 처리(화학성분의 첨가 등)를 거쳐 완성되며, 미생물(세균, 곰팡이 등)의 성장이 가능한 공간이 된다. 그러므로 식품의 재료에 해당하는 동물이나 식물에 포함된 어떤 성분이 인간에게는 유독할 수 있고, 재료 단계에서는 유독성분이 없었으나 식품의 조리 · 가공 중에 독성을 지니는 성분으로 변화, 발생할 수도 있으며, 특별한 목적을 위해 화합물이 유해한 수준으로 첨가될 수도 있고, 원하지 않던 미생물이 식품에서 성장하면서 유독성분이 생성될 수도 있다.

## 1. 곰팡이 유독성분

곰팡이 독(mycotoxin)은 곡류, 과일, 채소 등의 저장, 유통 과정에서 곰팡이가 생성하는 유독 대사산물로 사람, 동물에게 장해를 일으킨다 표 13-1.

**표 13-1 곰팡이 독의 원인균 및 곰팡이 독의 종류**

| 원인균 | 곰팡이 독 | 오염식품 |
|---|---|---|
| 아스페르길루스 (*Aspergillus*)속 | 아플라톡신(aflatoxin) | 쌀, 보리, 땅콩, 수수, 면실 등 |
| | 오크라톡신 A(ochratoxin A) | 쌀, 보리 등의 곡류, 두류, 향신료 등 |
| 페니실리움 (*Penicillium*)속 | 파툴린(patulin) | 사과주스 등 |
| | 시트리닌(citrinin) | 덜 건조된 저장 곡류, 밀, 호밀, 보리, 옥수수, 쌀 등 |
| 푸사리움 (*Fusarium*)속 | 푸모니신(fumonisin) | 옥수수, 옥수수를 이용한 식품과 사료 |
| | 디옥시니발레놀 (deoxyrevalenol) | 밀, 옥수수, 보리, 겨, 맥아 등 |
| | 제아랄레논(zearalenone) | 옥수수, 보리, 귀리, 밀, 쌀, 사탕수수 등 |

현재까지 100여 종의 곰팡이 독이 보고되었으며, 탄수화물이 풍부한 식품이 곰팡이 독의 주원인 식품이다. 우리나라는 곡류를 주식으로 이용하며, 고온다습한 여름 기후를 가지고 있으므로 곰팡이 유래 유독성분을 각별히 주의해야 할 필요가 크다.

### (1) 아플라톡신

아플라톡신(Aflatoxin)은 아스페르길루스 플라부스(*Aspergillus flavus*), 아스페르길루스 파라시티쿠스(*Aspergillus parasiticus*)와 같은 아스페르길루스 속 곰팡이가 생산하는 대사산물이다. 아플라톡신의 최적 생성 환경은 온도 25~30℃, 수분 16% 이상, 상대습도 80~85% 이상이다. 현재까지 16종의 아플라톡신이 발견되었으며 이 중 아플라톡신 $B_1$은 강력한 발암 물질로 식품에서 강력히 규제하고 있다.

아스페르길루스 곰팡이가 주로 토양에서 생장을 하므로 땅콩이 대표적인 오염원이며, 탄수화물이 풍부한 쌀, 보리, 옥수수와 같은 곡류가 주요 식품 오염원이다. 아플라톡신은 200~300℃에서나 분해될 정도로 내열성이 강해 가열 조리에 의해서는 독성이 파괴되지 않는다.

아플라톡신 $B_1$의 우리나라 허용 기준치는 곡류, 두류, 견과류 및 그 가공품에서 10ppb, 사료 50ppb이고, 일본은 식품에서는 검출되지 않아야 하고, 사료 10~20ppb이다. 미국은 브라질넛, 땅콩, 피스타치오 20ppb, 사료 20~30ppb이다.

### (2) 황변미독

페니실리움곰팡이속은 쌀에서 생육하여 쌀을 황색으로 변화시키고 황변미독을 생성한다. 우리나라와 동남아시아는 고온다습한 기후를 가지고 있어 황변미가 많이 발생한다. 톡시카리움(toxicarium), 아이슬란디다(islandida), 태국 황변미가 잘 알려졌으며, 각각 원인균, 곰팡이 독 증상이 다르다.

① 톡시카리움 황변미: 페니실리움 톡시카리움(또는 페니실리움 시트레오비리드)가 원인균으로 쌀에 황색 반점을 형성하고 자외선을 받으면 황색 형광을 나타낸다. 시트로비리딘이라 불리는 독은 신경독으로 중독되면 호흡장애, 신경장애, 혈액순환장애, 호흡마비, 빈혈을 일으킨다. 독성은 자외선, 햇빛 조사 등으로 파괴할 수 있다.

② 아이슬란디다 황변미: 페니실리움 아이슬란디쿰이 원인균으로 쌀을 황색에서 적갈색으로 변하게 하여 톡시카리움보다 진한 갈색을 띤다. 이 균이 생성하는 독은 두 종류로 지용성의 루테오스키린 독과 수용성의 아이슬란디 독이다. 이 독에 중독되면 간경화, 간종양, 간암 등이 유발될 수 있다.

③ 태국 황변미: 페니실리움 시트리늄이 원인균으로 태국산 쌀에서 분리되어 이름이 붙여졌다. 쌀을 전체적으로 황색으로 변화시키며 자외선을 조사하면 강한 황색 형광을 나타낸다. 시트리닌이라는 곰팡이 독을 생성하며 이 독은 강한 신장 독으로 사구체 장애를 일으켜 만성 신장증을 유발한다.

### (3) 오크라톡신

아스페르길루스 오크라세우스(*Aspergillus ochraceus*), 페니실리움 베루코숨(*Penicillium verrucosum*) 등이 생성하는 오크라톡신 곰팡이 독은 곡류, 과일, 향신료 등의 여러 식품에서 발견된다. A, B, C 세 종류의 독이 있으며 그 중 A가 가장 강하다. 오크라톡신은 간, 신장에 손상을 주고 발암 물질로 알려졌으나 인체 독성 기작은 아직 명확하게 밝혀지지 않았다.

국내 거의 모든 간장, 된장, 고추장이 이 독에 오염되어 있다는 보고가 있으나, 오크라톡신의 국내 허용 기준은 아직 설정되어 있지 않다. 일부 유럽 국가에서 쌀, 보리 등에 대한 오크라톡신의 허용 기준치를 5~50ppb로 설정하여 규제하고 있다.

### (4) 제아랄레논

푸사리움 그라미네아룸(*Fusarium graminearum*), 푸사리움 로세움(*Fusarium roseum*), 푸사리움 트리신툼(*Fusarium tricinctum*)이 생성하는 제아랄레논은 에스트로겐 활성을 가지고 있어, 이 독에 오염되면 생식기 및 유방 비대증을 보이며 불임을 초래하게 된다. 이 곰팡이 독은 24~27℃ 정도의 높은 온도와 12~14℃의 낮은 온도 사이의 변화를 겪으면서 생성이 촉진되는 특징을 가지고 있다.

미국, 프랑스, 호주 등지에서 제아랄레논에 오염된 옥수수, 보리 등을 섭취한 가축이 중독 사고를 일으킨 보고가 있다. 옥수수는 푸사리움 로세움에 오염되면 분홍빛을 띤다.

## 2. 화학적 유독성분

화학적 유독성분은 주로 식품첨가물에 의한 것으로써, 식품의 보존, 착색, 표백, 증량, 감미 등을 위해 식품위생법에서 허용하지 않는 화학 물질을 식품의 제조, 가공, 저장 과정에서 사용하거나, 법에서 허용한 화학성분을 오남용하여 독성을 유발한다 표 13-2.

**표 13-2** 화학적 유독성분의 원인과 예

<table>
<tr><th colspan="3">원인</th><th>독성 물질의 예</th></tr>
<tr><td rowspan="7">외인성</td><td rowspan="2">의도적 첨가</td><td>불허용 식품첨가물</td><td>유해보존료, 유해착색료, 유해감미료, 증량제,<br>유해표백제 등</td></tr>
<tr><td>기타 유독 물질</td><td>메탄올, 니트로 화합물 등</td></tr>
<tr><td rowspan="4">우연에 의한 혼입</td><td>제조과정 중 혼입</td><td>PCB와 같은 열매체(미강유), 비소(간장, 분유)</td></tr>
<tr><td>기구, 용기 · 포장재 용출</td><td>법랑제나 각종 식기류(중금속),<br>합성수지(포름알데히드, 가소제, 안정제)</td></tr>
<tr><td>잔류농약</td><td>유기인제, 유기수은제, 유기염소제 등<br>중금속(Cd, Hg), 유해유기염소물, 농약</td></tr>
<tr><td>환경 오염</td><td>방사성 동위원소 물질(핵분열 물질)<br>내분비교란 물질(환경호르몬–다이옥신, 비스페놀A,<br>알킬페놀류, DDT 등)</td></tr>
<tr><td colspan="2" style="display:none"></td></tr>
<tr><td rowspan="3">유인성</td><td colspan="2">가공과정 중 생성</td><td>N–니트로소 화합물, 포름알데히드, 트랜스지방(산),<br>3–MCPD(1,3–DCP)</td></tr>
<tr><td colspan="2">조리과정 중 생성</td><td>벤조피렌, 헤테로사이클릭아민(heterocyclic amine)류,<br>아크릴아미드, 아크롤레인, 벤젠, 톨루엔</td></tr>
<tr><td colspan="2">저장(유통)과정 중 생성</td><td>과산화물, 에틸카바메이트</td></tr>
</table>

## (1) 식품첨가물

### 1) 보존료

① 붕산(또는 붕사): 세균 성장을 억제하는 작용으로 어육, 마가린, 버터 등에 보존 효과를 증대시키나, 체내에 축적되면 소화불량, 체중감소, 구토, 설사, 홍반 등이 생겨 사용이 금지되어 있다.

② 포름알데히드(또는 포르말린): 강력한 살균 및 방부효과를 가지므로 주류, 장류, 유제품, 육류에 부정 사용되었다. 붕산과 마찬가지로 체내에 축적되면 두통, 구토, 현기증, 위염을 유발한다. 대구, 명태, 표고버섯과 같은 일부의 식품에는 천연으로 함유되어 있다. 또한, 식기나 포장재에서 포름알데히드가 용출되어 안전성에 문제를 일으킨다.

③ 우로트로핀: 쌀밥, 땅콩크림, 과일잼, 청주 등에 사용하였으나 피부발진, 단백뇨, 구

토, 혈뇨 등의 독성작용을 나타내어 식품에는 사용이 금지되고 있다.

④ 말라카이트그린: 수용성의 청록색 결정으로 관상어류에만 사용되고, 발암 물질로 알려져 식용어류에는 사용 금지된 물질이다. 말라카이트그린은 어류의 체내에서 류코말라카이트그린으로 전환되는데, 이는 간암을 유발한다는 결과를 얻어 우리나라를 비롯한 미국, 일본, 유럽 등에서 식용 어류에는 사용이 금지되었다. 2005년 7월 수입한 중국산 장어 제품에서 말라카이트그린이 검출된 이래로 식약처와 해양수산부에서 수시로 수입 또는 국내산 양식 어류에서 말라카이트그린의 잔존 여부 조사를 통해 검출된 제품은 전량 폐기 조치하고 있다.

### 2) 착색료

식품 색소는 타르 8종과 알루미늄 레이크 7종으로, 주로 타르 색소가 독성 문제를 일으켰다. 최근 식약처에 따르면 영국, EU, 중국에서 고춧가루, 조미 식품, 향신료, 수프 류에 수단1~4, 파라레드, 로다민 비 등 유해 색소 등의 사용사례가 보도되고 있다.

① 오우라민(auramine): 황색의 염기성 타르 색소로 1950년도 일본에서 과자, 국수, 카레가루, 단무지 등에 사용되었으나 독성으로 말미암아 사용이 금지되었다. 다량 섭취 후 20~30분이 지나면 흑자색의 반점을 시작으로 두통, 구토, 맥박감소 및 심계항진, 심하면 의식불명을 일으킨다.

② 로다민 B(rodamine B): 동물실험결과 발암성이 보고되어 우리나라를 포함하여 전 세계적으로 식품첨가물로 지정되어 있지 않은 공업용 색소로 적색을 띠는 염기성 타르 색소이다. 과거 일본에서 적색이나 핑크색을 띤 분홍색 어묵, 일본식 매실 장아찌(우메보시), 과자류에 사용하였는데, 4세 여아에게서 온몸착색, 핑크색 소변, 부종 등의 중독증상이 나타났다.

③ 파라-니트로아닐린(ρ-nitroaniline): 지용성의 황색 색소로 섭취 시 혈액 독이나 신경독으로 작용한다. 과거 일본에서 이 물질이 첨가된 과자를 섭취한 사람에게서 안면홍조, 심계항진, 청색증의 발현 및 황색 소변 등의 증상이 나타났다.

④ 실크스카렛(silk scarlet): 등적색의 산성 수용성 타르 색소로 일본에서 대구알젓에 사용하였는데 섭취 후 두통, 구토, 복통, 오한, 마비 증세를 나타낸 보고가 있다.

### 3) 감미료

설탕의 과다 섭취에 따른 건강의 피해를 줄이고자 인체에 위해가 적은 인공감미료를 개발하여 설탕을 대체하고 있지만, 가공식품류에서 여전히 허용하지 않은 인공감미료가 발견되는 경우가 있다.

① 둘신(dulcin): 화학명은 파라 에톡시페닐유리아로 백색 분말이며 감미도는 설탕의 200~250배 정도로 여러 식품에 사용되었으나, 동물실험결과 간종양을 유발하여 1966년부터 불허용 식품첨가물로 지정되었다. 냉수보다 더운물에서 쉽게 녹고 소화효소를 억제하며 분해되면 혈액독인 파라-아미노페놀이 생성되어 중추신경을 자극한다.

② 싸이클라메이트(cyclamate): 화학명 소듐 사이클로헥실 설파메이트의 백색 분말로 설탕의 40~60배 감미를 나타내고 열안정성이 있으며 청량감을 제공하여 식품에 많이 사용하였으나, 발암 및 기형유발로 1970년부터 사용이 금지되었다.

③ 파라-니트로-오르토-톨루이딘(ρ-nitro-o-toluidine): 폭발당 또는 살인당이라고도 하는데 화약, 물감의 원료이다. 설탕의 200배 단맛을 갖고 있어 2차 세계대전 이후 일본에서 설탕 대용으로 사용하였으며, 섭취 시 위통, 식욕부진, 권태감, 황달, 혼수(간장독) 및 사망에 이르게 하는 맹독성이면서 속효성의 유해감미료이다. 유도체에 따라서는 설탕의 4,000배까지 단맛을 가진다.

④ 에틸렌글리콜(ethylene glycol): 약간의 단맛을 가진 무색의 액체로 섭취 후 수산이 유리되어 뇌나 신장 기능에 이상을 일으켜 호흡곤란, 구토, 신경장애를 거쳐 사망까지 이르게 한다.

⑤ 페릴라틴(perillartine): 일년생 보라색 풀인 자소(차조기)씨에서 추출한 기름(자소유)에 부드러운 향을 제공하는 데 일면 자소당이라고도 하며, 설탕의 2,000배 단맛을 갖고 있어 예부터 나물, 김치, 우메보시(일본식 매실 장아찌)의 재료나 한방에서 널리 사용하고 있다. 그러나 불용성이며 타액과 열에 의해 알데히드로 분해된 후 체내 흡수되면 신장을 자극하여 염증을 유발하고 많이 먹으면 사망한다고 알려졌으나 아직 중독 예는 보고되지 않았다.

### 4) 표백제

강력한 산화 · 환원작용을 이용하여 색을 밝게 하는 표백제는 허용 가능한 물질이라 하더라도 그 용량을 반드시 지켜야 한다.

① 롱가리트(rongalite): 물엿, 우엉, 연근의 표백제로 사용하였으나 아황산 포름알데히드가 잔류하여 독성을 나타내므로 사용해서는 안 된다.

② 삼염화 질소(nitrogen trichloride): 황색의 휘발성 액체로 과거에 밀가루 표백과 숙성에 사용하였으나, 이것이 함유된 밀가루 음식을 먹은 개가 히스테리 증상을 보여 사용이 금지되었다.

③ 과산화수소: 식품에 허용되는 산화표백제이나 과량일 때 독성을 나타내므로 사용량을 반드시 조절하고 최종제품 완성 전에 분해 · 제거시켜야 한다고 식품첨가물공전에 정해져 있다. 일본에서 표백 및 살균제로 과산화수소 500ppm을 처리한 국수를 먹은 다수 중학생이 인후통과 메스꺼움을 나타냈다.

④ 아황산염: 과산화수소와 마찬가지로 식품에 허용되는 환원표백제로, 과일가공품, 박고지와 같은 건조채소류, 설탕, 곤약분 등에 사용되나, 과량 사용 시 구토, 설사, 발열이 나타나므로 사용기준이 정해져 있다.

#### 5) 증량제

식품공전에 따르면 산성백토, 벤토나이트, 규조토, 백도토, 함수 규산알루미늄 등은 전분, 향신료 등 분말 식품의 증량제(무게를 증가시키기 위해 첨가하는 보조제)로 허용된 식품첨가물이지만 식품제조가공상 꼭 필요한 경우에만 첨가하되, 첨가물 단독 또는 합계된 잔존량이 0.5% 이하여야 한다. 과량 섭취 시 위장염 증상인 소화불량, 구토, 복통, 설사 증세가 나타날 수 있다.

## 3. 가공 과정 중 생성되는 유독성분

### (1) N-니트로소 화합물

아미노기를 가진 아민류(아미노산, 펩타이드, 단백질)가 산성조건에서 식육가공품의 발색제로 쓰이는 아질산염과 반응하면 산화되어 N-니트로소 화합물이 생성된다. 여러 연구에 따르면 N-니트로소 화합물의 약 70%가 암을 유발하는 것으로 보고되었다. 니트로소아민류는 주로 간암, 식도암, 방광암을, 니트로소아미드류는 위암(상부, 위선), 신장암, 폐암, 백혈병을 유발하는 것으로 알려졌다. 니트로소아민의 반응 메커니즘이 아민이 산화되어 생성되는 것이므로 환원제를 사용하면 니트로소아민의 생성이 억제된다. 아스코르브산, 폴리페놀류, 토코페롤 등이 N-니트로소 화합물 생성억제에 효과가 인정되어 육가공 과정 중 아스코르브산을 첨가하여 제조하고 있다.

### (2) 포름알데히드

식품의 품질이나 색 보존을 위해 식품을 처리하는 침지액이나 식품첨가물과 식품의 일부 성분이 반응하여 유해한 포름알데히드가 생성되는 때도 있다. 식품 내 미생물 생장의 억제 또는 표백제로 사용되는 과산화수소는 글리신과 같은 아미노산과 반응하면 역시 포름알데히드를 형성한다. 포름알데히드는 체내에 축적되면 소화작용을 저해하여 두통, 구토, 현기증, 식도나 위에 염증을 유발한다.

### (3) 트랜스지방산

천연에 존재하는 시스형 불포화지방산이 고온, 빛에 의해 인체에 유해한 트랜스형으로 전환된다. 올리브 기름이나 카놀라 기름에는 탄소 18개와 이중결합 하나로 구성된 시스형 올레산이 있으나, 고온다습한 환경에 보관하면 유해한 트랜스형 엘라이드산으로 전환된다.

### (4) 3-MCPD와 1,3-DCP

콩, 옥수수, 밀 등 식물성 식품의 화학 공정에 의한 단백질 가수분해물로 만들어진 수프, 소스, 양념 및 구운 빵의 제조과정 중 3-MCPD(3-monochloropropane-1,2diol)와 1,3-DCP(1,3-dichloro-2-propanol)의 생성이 1980년대 최초로 보고된 이후 1990년대에는 전 세계인이 조미료로 애용하는 혼합간장에서도 검출되면서 널리 알려졌다. 3-MCPD가 초기에는 불임을 유발한다는 일부 보고가 있었으며, 3-MCPD의 농도가 높으면 유전 독성을 나타내는 1,3-DCP가 공존하게 된다. 따라서 1,3-DCP를 억제하기 위해서는 간장에 함유된 3-MCPD의 농도 규제가 반드시 필요하다.

## 4. 조리 과정 중 생성되는 유독성분

### (1) 다환 방향족 탄화수소

강력한 발암 물질로 알려진 벤조피렌(benzo-$\alpha$-pyrene)을 포함하는 다환 방향족 탄화수소(polycyclic aromatic hydrocarbons, PAH)는 과도하게 직화구이한 생선이나 햄버거, 훈제 육류가공품에서 발견된다. 식품 조리 과정 중 태우거나 훈제시키는 경우에 특히 벤조피렌의 양이 많은데, 세계보건기구(WHO) 산하 국제암연구소의 발암 물질 분류기준에 따르면 최근 벤조피렌을 '확인된 인체발암 물질(그룹 1)'로 구분하고 있다. 벤조피렌에 의한 급성독성은 용혈현상에 의한 빈혈 및 면역계 저하이고 만성 독성은 생식 · 발달 이상 및 암 유발로 설명된다.

### (2) 헤테로고리 아민류

소고기, 돼지고기, 닭고기, 생선을 고온에서 조리할 때 이들 식품의 근육부위에 있는 아미노산과 크레아틴이 반응하여 생성되는 화학 물질로 암을 유발할 수 있다. 헤테로고리 아민류(heterocyclic amines, HCAs)는 우유, 달걀, 두부, 간 같은 조직보다는 근육질이 풍부한 육류에서 더 많이 생성되며, 조리법과 조리조건에 따라 생성량이 다르다. 즉, 오븐이나 팬구이보다 튀김, 브로일링, 바비큐인 경우 HCAs 함량이 더 상승하였고 조리온도를 200℃에서 250℃로 올리면 HCAs가 3배 더 생성되며, 100℃ 이하에서 조리하는 찜, 가열, 수란인 경우는 생성량이 무시될 정도로 매우 적었다. 또한, 조리시간이 길수록 많이 생성되므로 과도한 가열보다는 중간가열 정도로 조리하고, 전자레인지로 2분간 데워 생성된 육즙을 버리고 조리하면, 전구체의 제거로 HCAs 양이 90% 정도 감소할 수 있다. 미국 암협회에서 조사한 바로는 패스트푸드점에서 시판하는 고기제품에서는 조리온도 및 조리시간의 요인이 작용하여 낮은 수준으로 검출되었지만, 가정식이나 일반식당에서 판매하는 음식은 HCAs에 대한 노출 가능성이 더 클 것으로 예상하였다.

### (3) 아크릴아미드

조리나 식품 제조가공 중 감자, 곡류, 시리얼 등을 고온(120℃ 이상)에서 튀기거나 구울 때 식품에 존재하는 아스파라긴과 당의 마이야 반응에 의해 아크릴아미드(acrylamide)는 자연적으로 생성되고, 가열시간에 비례하여 생성량이 증가한다. 120℃보다 낮은 온도에서 삶거나 끓이는 경우 생성되지 않는다. 연구조사에 의하면 감자튀김, 감자칩, 감자 스낵류, 시리얼, 빵류, 건빵, 비스킷, 누룽지 등에서 아크릴아미드가 발견되었다. 아크릴아미드는 유전자 변형을 유발하며 동물실험에서 악성 및 양성 위암을 일으키는 물질로 확인되었고 인간에게는 유력 발암 물질로 알려졌다.

### (4) 아크롤레인

지질을 고온에서 가열하면 가수분해 되어 글리세롤이 생성되는데 반복적으로 가열하면 다량의 글리세롤이 생성되고 이 글리세롤에서 물 두 분자가 탈수되면 발연점이 낮아져 아크롤레인(acrolein)이 생성된다. 또한, 기름이 다량 흡수된 음식이 공기 중에 오랫동안 노출되어 산패되면 생성되기도 한다. 아크롤레인은 DNA의 변이를 초래하고 세포의 수복능력을 감소시키며 종양억제 유전자에 결합해 발암의 주요한 원인으로 작용하는데 PAH보다 10,000배 더 강력한 발암 물질이다.

### (5) 벤젠

비타민 C 음료의 생산이 늘어가는 추세에 이러한 음료의 유통기한을 연장하고자 안식향산나트륨(sodium benzoate)을 보존제로 첨가한다. 미국 FDA는 이 첨가제가 물속에 녹아있는 철, 구리 등을 촉매로 벤젠(benzene)으로 미량 전환된다는 사실을 발견하였다. 벤젠은 휘발성 탄화수소로 국제암연구소에서 발암 물질로 분류하고 있다.

## 5. 천연 유독성분

### (1) 식물성 유독 식품

#### 1) 독버섯

알광대버섯, 광대버섯, 화경버섯, 외대버섯, 미치광이버섯, 무당버섯, 깔때기버섯, 마귀곰보버섯, 땀버섯, 노랑다발버섯 등이 대표적인 독버섯이며, 주요 독성분으로는 무스카린(muscarine), 아마니타톡신(amanitatoxin), 무스카리딘(muscaridine), 팔린(phaline), 콜린(choline), 뉴린(neurine), 파시큐롤(fasciculol) 등이 알려져 있다. 무스카린은 땀버섯, 광대버섯, 마귀광대버섯 등에, 아마니타톡신은 알광대버섯, 독우산광대버섯, 흰알광대버섯 등에 함유되어 있으며, 섭취하면 혼수 상태 후 2~4일 안으로 사망할 수도 있다. 증상은 위장장애, 콜레라 증상, 신경계 장애 등이다.

#### 2) 감자

감자의 쓴맛을 내는 솔라닌이 독성을 일으킨다. 솔라닌은 솔라니딘이라는 스테로이드계 알칼로이드에 당이 결합한 배당체이다. 신선한 감자의 솔라닌 함량은 2~10mg/100g 정도이나, 발아, 상처, 빛에 의해 함량이 10배 이상 증가한다. 보통 솔라닌 200~400mg의 양이 독성을 유발한다. 솔라닌은 복통, 설사, 구토, 발열, 두통, 언어장애, 현기증의 중독 증상을 초래한다. 솔라닌은 가열 조리로는 독성이 파괴되지 않으므로 녹색 부위를 제거하고 조리하고 섭취해야 한다.

### 3) 시안배당체 함유 식물

복숭아, 살구, 수수, 쓴 아몬드, 카사바 등은 시안 배당체를 함유하고 있다. 시안 배당체는 원래 무해하지만 효소에 의한 가수분해 산물인 하이드로시안산(청산, HCN)은 독성을 가지고 있다. 청산(0.5~3.5mg/kg 체중)은 혈액 중의 산화 · 환원작용을 억제하여 사망에 이르게 된다. 대표적인 시안 배당체는 아미그달린, 듀린, 리나마린이 있다. 청매, 쓴 아몬드, 살구씨, 복숭아씨에는 아미그달린이 있고, 수수와 죽순에는 듀린이 함유되어 있으며, 카사바, 리마콩, 아마씨에는 리나마린이 있다. 가수분해효소를 불활성화시키기 위해 식물을 가열하거나 물에 담가서 시안 배당체를 용출하면 청산의 생성을 억제하여 독성을 예방할 수 있다.

### 4) 고사리

영국 등지에서 소가 고사리를 먹고 중독 사고가 발생하면서 알려진 고사리의 독성은 이후 동물실험을 통해 발암성이 확인되었다. 고사리의 발암 물질은 쓴맛을 나타내는 프타퀴로시드(ptaquiloside)로서 노시스퀴테르페노이드(norsesquiterpenoid)의 배당체이다. 고사리의 쓴맛을 물로 충분히 용출하여 제거한 후 먹으면 안전하다. 독성은 뿌리 쪽이 강하다.

## (2) 동물성 유독 식품

### 1) 복어

복어 독은 테트로도톡신(tetrodotoxin)으로 복어의 알, 난소, 간 등에 많이 함유되어 있으며, 내열성이 강해 100℃에 4시간으로도 파괴되지 않는다. 복어의 독성은 종류, 부위, 계절, 지역에 따라 차이가 있다. 검복, 매리복, 황복의 독성이 강하다 표 13-3.

테트로도톡신은 비단백성, 무색, 무미, 무취의 약염기성이다. 중독은 섭취하고 나서 20분~3시간 후에 나타나며 8시간을 경과하면 회복되는 예가 많다. 증상은 입술, 혀끝, 손끝의 마비, 구토, 두통, 복통, 언어장애, 호흡마비 등이다. 치사율은 50% 이상으로 알려져 있으나, 독이 체외로 빠르게 배출되므로 초기에 응급조치가 중요하다. 치료는 먼저 구토 · 위세척 · 설사를 유도하여 위장 내의 독소를 제거한다. 중독방지 대책으로는 전문조리사가 요리하도록 하고, 독성이 있는 알, 난소, 간 등을 제거 후에 섭취하는 것이다.

표 13-3 우리나라에서 발견된 복어의 종류와 가식부위

| 복어의 종류 | | 학명 | 가식부위 |
|---|---|---|---|
| 맹독복어 | 검복 | *Takifugu porphyreus* | 근육, 정소 |
| | 매리복 | *Takifugu vermicularis* | 근육 정소 |
| | 복섬 | *Takifugu niphobles* | 근육 |
| | 졸복 | *Takifugu phadalis* | 근육 |
| | 황복 | *Takifugu obscurus* | 근육, 정소 |
| 강독복어 | 까치복 | *Takifugu xanthopterus* | 근육, 껍질, 정소 |
| | 까칠복 | *Takifugu stictonotus* | 근육, 정소 |
| | 눈물개복 | *Takifugu chrysops* | 근육, 정소 |
| | 자주복 | *Takifugu rubripes* | 근육, 껍질, 정소 |
| 무독복어 | 가시복 | *Takifugu holocanthus* | 근육, 껍질, 정소 |
| | 거북복 | *Takifugu immaculatus* | 근육, 정소 |
| | 은밀복 | *Takifugu wheeleri* | 근육, 껍질, 정소 |

## 2) 조개

껍데기가 2장인 이매패의 조개류인 홍합, 굴, 모시조개, 바지락 등은 수온이 6~16℃가 되는 2~6월에 독이 있는 플랑크톤을 섭취하여 독을 지니게 된다. 조개류의 독은 계절, 지역의 영향을 받으므로 조개독 예보가 발표되면 섭취를 절제해야 한다.

① 마비성 조개중독: 섭조개, 홍합, 모시조개를 섭취함으로써 발생한다. 원인 물질은 삭시톡신(saxitoxin, STX), 고니어톡신(gonyautoxin, GTX), 프로토고니어톡신(protogonyautoxin, PX) 등 20여 종이 알려졌다. 삭시톡신은 열에 안정하여 가열 조리에 의해 파괴되지 않을 뿐더러 수용성이기에 다른 조직, 식품을 오염시킬 수도 있다. 이 독은 섭취 후 30분에 입술, 얼굴, 목, 혀, 손발에 마비가 시작되고 언어장애, 두통, 구토가 나타나며 심한 경우 호흡마비로 사망에 이른다.

② 신경성 조개중독: 독이 함유된 굴을 섭취함으로써 발생하는 독성이다. 굴은 유독한 플랑크톤이 생산하는 브레베톡신(brevetoxin)이라는 독을 체내에 축적한다. 섭취 후 수시간 이내에 구토, 설사가 나타나고 얼굴, 목의 감각 이상, 동공확대 증상을 보인다.

③ 설사성 조개중독: 독이 함유된 가리비, 모시조개, 바지락 등의 조개류 섭취에 의해 발생하는 독성이다. 원인 물질은 오카다산, 디노피시스톡신, 펙테노톡신 등 지용성 화합물이다. 내열성이 강해 가열조리에 의해 파괴가 안 되고 섭취하면 수 시간 내에 중독 증상인 구토, 복통, 설사의 위장염 증세가 동반된다.

④ 베네루핀(venerupin) 중독: 바지락, 굴, 모시조개의 섭취에 의해 발생한다. 베네루핀은 1~2일 잠복기 후에 변비, 구토, 두통과 팔, 다리에 출혈 반점을 일으킨다. 간장 비대, 황달 증상을 일으키고 심하면 토혈, 혈변, 호흡곤란으로 사망에 이른다. 내열성이 강한 이 독은 100℃에서 1시간 이상 가열해도 파괴되지 않는다.

⑤ 테트라민 중독: 소라 고둥, 조각 매물 고둥, 관절 매물 고둥에 의해 발생하는 독성이다. 아민의 일종인 테트라민은 섭취 후 30분이면 두통, 뱃멀미, 두드러기 등의 증상을 나타내며 보통 2~3시간 후에 회복된다.

## 6. 방사능 유독성분

핵분열 실험이나 원자력발전소의 붕괴 등을 통해 대기 중에 머무르다가 환경이나 식품을 통해 인체로 유입되어 전리방사선을 방출하는 가장 위험한 핵분열 물질(핵종)은 세슘(Cs-137)과 스트론튬(Sr-90)이다. 이들은 핵분열의 수량이 많으며 반감기가 약 30년으로 길다.

곡물, 채소, 과일의 농작물은 방사능 물질이 직접 식물의 표면에 접촉하거나 잎, 뿌리를 통해 흡수된다. 세슘은 주로 식품의 표면에 잘 흡수되고, 스트론튬은 뿌리로 흡수된다.

축산물은 식수, 먹이사슬을 통해 사료로 오염된다. 요오드(I-131)가 특히 축산물에서 많이 발견되는 핵종으로 젖소의 짜낸 우유에 바로 포함된다. 요오드는 반감기가 짧아 우유로 가공한 분유에서 핵종이 발견되기는 힘들다.

수산물은 원자력 시설의 핵 처리 후 방출되는 방류수에 의해 영향을 받는다. 방사능 물질이 어류의 아가미 표면에 흡착되거나 플랑크톤을 매개로 오염된다. 담수어가 해수어에 비해 오염 정도가 훨씬 더 심하고 다랑어는 내장기관이 가식 부위보다 더 많은 방사능 오염 물질로 농축되어 있다.

# 7. 내분비 교란 유독성분

## 1) 다이옥신

다이옥신은 2,3,7,8-tetrachlorodibenzo-*p*-dioxin(2,3,7,8-TCDD)을 일컬으며, 맹독성의 발암 물질이다. 다이옥신이 생성되는 경로는 제초제나 소독제의 제조과정, 염소 화합물의 연소과정, 폐기물의 소각 과정 등이다. 환경에 배출된 다이옥신은 토양, 수질을 오염시키고, 가축이나 어류에 축적되며 사람은 육류나 어류를 먹음으로써 인체 내에 축적되어 각종 피해를 유발한다. 이런 이유 때문에 식품에서의 다이옥신 오염기준 마련이 시급한 과제이다. 다이옥신은 인공합성품 중 가장 강력한 발암 물질로 아플라톡신 $B_1$(aflatoxin $B_1$)의 3배 정도로 추정되고 있다. 또한, 환경에서의 잔류성과 생물농축계수가 지나치게 큰 점도 지나칠 수 없는 특징의 하나이다.

## 2) 비스페놀 A

비스페놀 A(bisphenol A)는 환경호르몬으로 밝혀지기 전까지 아주 유용한 플라스틱으로 알려졌으며 폴리카보네이트, 에폭시 페놀 수지의 원료로 사용되었다. 생체로 이행된 비스페놀 A는 호르몬과 유사한 분자 구조로 수용체와 결합하고 내분비 교란을 일으키게 된다. 식품을 저장, 보관, 조리하는 플라스틱 용기(젖병, 생수병, 접시, 컵, 주방 용기, 급식도구 등)에 비스페놀 A가 많이 함유되어 식품을 오염시키고 인체로 이행될 가능성이 농후했다. 특히 이러한 식기가 전자레인지 등으로 가열되거나 직접 신체에 접촉하게 되면 그 위험성이 두 배로 증가된다. 최근에는 비스페놀 A가 전혀 첨가되지 않은 플라스틱 용기가 대체하고 있다.

## 3) 폴리염화비페닐

다이옥신과 유사 화합물인 폴리염화비페닐(poly chlorinated biphenyl, PCB)은 화장품, 도료, 복사용지, 살충제 등 다양한 분야에 사용됐으며, 내열성, 불연성, 불용성 등 물리화학적 안정성이 우수하여 환경 중에 오래 잔존한다. PCB는 수질오염, 대기오염, 식품의 포장, 용기 또한 먹이연쇄 등을 통해 생물농축이 일어나 식품을 오염시키고, 이를 섭취하면 내분비계 교란을 통해 피부 색소의 흑변, 임산부 사산 등 인체에 직·간접의 피해를 준다. 현재 세계적으로 PCB의 생산과 사용을 규제하고 있지만, 특유의 안정성 때문에 오래 잔존하여 환경은 물론이고 동·식물성 식품, 인체나 모유에서도 검출되고 있어서 주의가 필요하다.

# 참고문헌


- 강신욱 외 6인 공저, 식품학, 훈민사, 2003
- 조신호 외 4인 공저, 식품학, 교문사, 2008
- 오상룡 외 4인 공저, 식품학, 보문각, 2008
- 김정숙 외 4명 공저, 식품학, 지구문화사, 2010
- 김광수저, 식품화학, 학문사, 2000
- 김동훈 저, 식품화학, 탐구당, 2010
- 이형주, 문태화, 노봉수, 장판식, 백형희, 식품화학, 수학사, 2014
- 강우영 · 김래영 · 송효남 · 하상철, 식품화학, 보문각, 2013
- 김건희 · 강일준 · 정윤화 · 한정아 · 황은선, 재미있는 식품화학, 수학사, 2011
- 피에르 라즐로, 냄새란 무엇인가, 민음in, 2006
- 하영득, 식품독성학, 효일, 2005
- 이선동 · 박영철, 한약독성학, 한국학술정보, 2012
- 박영철, 독성학의 분자생화학적 원리, 한국학술정보, 2010
- 한영규, 최신 식품화학, 형설출판사, 2010
- 김창숙 · 김지상 · 안창우 · 이극로 · 이상태 · 이윤정 · 차윤환 · 최덕주 · 최희숙, New 식품학, 지구문화사, 2012
- 이숙영, 정해정, 이영은, 김미라, 김미리, 송효남, 식품화학, 파워북, 2009
- 이경애, 변광의, 구난숙, 김미정, 김미라, 윤혜현, 송효남, 식품학, 파워북, 2008
- 강우원, 김래영, 김미라, 김선영, 안덕준, 송효남, 장정옥, 식품화학, 보문각, 2008

- Donald A. Wilson, Richard J. Stevenson, Learning to Smell: Olfactory Perception from Neurobiology to Behavior, Johns Hopkins University Press, 2006
- Jan Velisek, The Chemistry of Food, Wiley-Blackwell, 2014
- Tom Coultate, Food: The Chemistry of its Components, Royal Society of Chemistry, 2008
- Tai Hyun Park, Bioelectronic Nose: Integration of Biotechnology and Nanotechnology, Springer, 2014
- Barb Stuckey, Taste: Surprising stories and science about why food tastes good, Atria Books, 2012
- Francois Chartier, Taste Buds and Molecules: The Art and Science of Food, Wine, and Flavor, Houghton Mifflin Harcourt, 2012
- Gordon M. Shepherd, Neurogastronomy: How the Brain Creates Flavor and Why It Matters, Columbia University Press, 2011
- Gaman, P. M & Sherrington, K. B.(2000). The Science of food. The Pergamon.
- Murano, P, S.(2003). Understanding food science and technology. Wadworth, Cengage Learning.
- http://www.buzzle.com/articles/structure-of-hemoglobin.html
- http://www.cfs.purdue.edu/fn/fn453/ld_pigmt.html
- http://pubs.acs.org/cen/news/83/i49/8349notw8.html
- http://en.wikipedia.org/wiki/Image:Tea_processing_chart_II.svg
- http://discoveryexpress.weebly.com/homeblog/category/food-science
- http://www.seehint.com/hint.asp?md=156&no=11478

# 찾아보기

## ㅂ



## ㅅ



## ㅇ

## ㅈ



## ㅊ



## ㅋ

## ㅌ



## ㅍ



## ㅎ



## ABC



## 123

## 저자소개

### 오희경

- 서울대학교 대학원 농업생명과학대학 농학박사
- 장안대학교 건강과학부 식품영양과 교수

### 김성영

- 경상대학교 이학박사
- 안동과학대학교 식품영양과 교수

### 최신식

- 서울대학교 대학원 화학생물공학부 공학박사
- 명지대학교 자연과학대학 식품영양학과 부교수

### 송효남

- 서울대학교 대학원 식품영양학과 이학박사
- 세명대학교 한방식품영양학부 교수

# 쉽게 배우는 식품학


| | |
|---|---|
| 발 행 일 | 2015년 2월 23일 초판 인쇄<br>2015년 3월 2일 초판 발행 |
| 지 은 이 | 오희경 · 김성영 · 최신식 · 송효남 |
| 발 행 인 | 김홍용 |
| 펴 낸 곳 | 도서출판 효일 |
| 디 자 인 | 에스디엠 |
| 주 소 | 서울시 동대문구 용두동 102-201 |
| 전 화 | 02) 460-9339 |
| 팩 스 | 02) 460-9340 |
| 홈 페 이 지 | www.hyoilbooks.com |
| E m a i l | hyoilbooks@hyoilbooks.com |
| 등 록 | 1987년 11월 18일 제6-0045호 |
| I S B N | 978-89-8489-381-8 |




값 21,000원